空中领航基础

顾莹　王馨悦　编

清华大学出版社

北京

内 容 简 介

空中领航是研究空中领航设备和方法的领域,兼具理论性和实用性。本书共 6 章,领航四要素、地图、地标罗盘领航、无线电领航、仪表进近程序和导航新技术等内容。前 5 章详细阐述了实施空中领航的基础知识和当前飞行活动中涉及的主要技术理论。随着科学技术的不断发展,新技术不断涌现,并被引入到飞行驾驶领域,因此本书的第 6 章简要地介绍了本领域发展过程中出现的新技术。

本书可作为高等院校飞行技术专业和签派专业本科生、飞行驾驶培训机构学员的教学用书,也可供其他从事飞行驾驶或签派岗位的民航工作人员参考。

图书在版编目(CIP)数据

空中领航基础/顾莹,王馨悦编. —北京:清华大学出版社,2022.9
ISBN 978-7-302-61490-6

Ⅰ. ①空… Ⅱ. ①顾… ②王… Ⅲ. ①航空导航—高等学校—教材 Ⅳ. ①V249.31

中国版本图书馆 CIP 数据核字(2022)第 137129 号

责任编辑:王 欣
封面设计:常雪影
责任校对:王淑云
责任印制:沈 露

出版发行:清华大学出版社
  网 址:http://www.tup.com.cn,http://www.wqbook.com
  地 址:北京清华大学学研大厦 A 座 邮 编:100084
  社 总 机:010-83470000 邮 购:010-62786544
  投稿与读者服务:010-62776969,c-service@tup.tsinghua.edu.cn
  质量反馈:010-62772015,zhiliang@tup.tsinghua.edu.cn
印 刷 者:北京富博印刷有限公司
装 订 者:北京市密云县京文制本装订厂
经 销:全国新华书店
开 本:185mm×260mm 印 张:8.75 字 数:211 千字
版 次:2022 年 9 月第 1 版 印 次:2022 年 9 月第 1 次印刷
定 价:48.00 元

产品编号:095766-01

前言
PREFACE

党的十八大以来,以习近平同志为核心的党中央高度重视航空工业的发展,并发出了建设"航空强国"的伟大号召,开启了航空强国建设的伟大征程。一方面,作为航空活动的主要参与者和实施者,飞行驾驶人才的需求与日俱增。另一方面,随着以刘传健为代表的优秀中国机长事迹的涌现,飞行驾驶岗位得到了更多的关注。我们不仅需要更多数量的飞行驾驶工作者,更需要大量的、优秀的、心怀"航空报国"理念的"中国机长"。这是新时代赋予我们的责任和使命。

空中领航是飞行驾驶领域中兼具理论性和实践性的一门课程,主要研究空中领航设备的使用和空中领航技术的应用。同时,随着科学技术的不断发展,飞行驾驶领域中的新技术层出不穷。据此,依据中国民航局要求以及私照、商照、仪表等级、航线运输等理论考试相关内容,结合当前实施或即将实施的导航新技术,参考国外原版教材,我们开展了本书的编写工作。

本书共分为6章,分别讲述了领航四要素、地图、地标罗盘领航、无线电领航、仪表进近程序、导航新技术等内容。前5章详细地阐述了实施空中领航的基础知识和当前飞行活动中涉及的主要技术理论。第6章简要地介绍了本领域发展过程中出现的新技术。本书力求知识的系统性、结构的逻辑性、内容的实用性,以及写作的精炼性,尽可能符合飞行技术、签派等本科专业,以及飞行驾驶培训机构的学习要求。

本书的第1章、第3章、第4章、第5章(除5.5.2节外)由顾莹编写;第2章、第5章中的5.5.2节以及第6章由王馨悦编写。编书的过程,实际上是教师对过去多年教学工作的梳理和总结的过程,融入了教师的教学心得,是教师成长的见证。感谢曾经在学习和成长中遇到的专家、同事和朋友,甚至是所教过的学生们,有了你们的助力,我们才得以提高。

由于编者未能从事实际飞行工作,以及有限的理论水平和写作水平,书中难免存在错漏等不足之处,恳请同行专家、广大读者多给予批评指正,让我们在未来的日子里更好地成长,为中国民航事业培养更多优秀的飞行驾驶人才。

编　者
2022 年 2 月

目录
CONTENTS

第1章

领航四要素

1.1 基础知识

1.1.1 磁差

地球是一个强大的磁场,其两极称为地球磁极(图1-1)。靠近地理北极的磁极称为磁北极,靠近地理南极的磁极称为磁南极。地磁两极与地理两极并不重合:磁北极约在(74.9°N,101°W)的地方;磁南极约在(67.1°S,142.7°E)的地方。磁差、磁倾和地磁力称为地球磁场三要素。

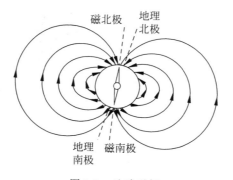

图 1-1　地球磁场

1. 磁差

由于地球表面假想经线指向地理南北方向,故称为真经线,其北端称为真北(N_T,即 true north)。而将稳定的自由磁针所指示的南北方向线称为磁经线,其北端称为磁北(N_M,即 magnetic north)。

由于地磁两极与地理两极不重合,因而地球上各点的磁经线常常偏离真经线。这样将磁北偏离真北的角度称为磁差或磁偏角(图1-2),用 VAR 表示。磁北偏在真北以东为正磁差,以西为负磁差,磁差大小范围为0°~180°。磁差的常见表示形式如下:

正磁差：＋2° 或 2°E

负磁差：－2° 或 2°W

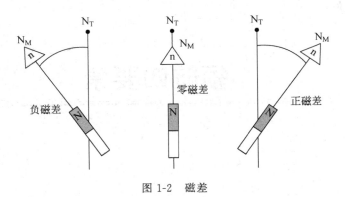

图 1-2　磁差

　　某一地点的磁差,可以从航空地图或者磁差图上查出。在航空地图或者磁差图上,通常把磁差相等的各点,用紫色的虚线连接起来,并标出磁差的数值,这些虚线称为等磁差线,可供飞行时查取磁差之用。也可以在机场平面图上查到每个机场的磁场(图 1-3)。

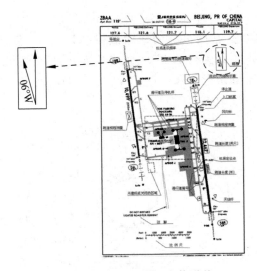

图 1-3　机场平面图上查找磁差

2. 磁倾和地磁力

　　在大多数地区,地球磁场的磁力线与水平面不平行,这样将磁针的轴线(磁力线的切线方向)与水平面的夹角,定义为磁倾角(θ),简称磁倾。磁倾随纬度升高而增大;在地磁两极附近的地区,磁倾最大可达 90°,所以磁针难以准确地指示出南北方向。

　　地球磁场对磁体的作用力称为地磁力。同一磁体所受的地磁力,在地磁两极附近最强,在地磁赤道上最弱。地磁力的大小还同飞行高度有关。随着高度的升高,地磁力将会逐渐减弱。

3. 地磁要素的变化

根据各地实际测量的结果,地磁要素不仅因地区不同,而且随着时间而缓慢变化。地磁要素长期有规律的变化称为世纪变化,变化的周期大约是 1 000 年。其中对领航准确性影响较大的是地磁的变化。磁差世纪变化的年平均值称为磁差年变率,磁差年变率一般不超过 $10'$。为了在领航中准确地确定某地点当前的磁差,应当根据地图上等磁差曲线的年份、磁差以及注明的磁差年变率进行修正计算。

1.1.2　航线

航线是指飞机飞行的预定路线,也称为预计航迹,其方向和距离分别用航线角和航线距离表示。航线角是从航线起点的经线北端顺时针量到航线(航段)去向的角度,如图 1-4 所示。其大小范围为 $0° \sim 360°$。因经线有真经线和磁经线之分,所以航线角用真航线角(TC)和磁航线角(MC)分别表示,换算关系式为:

$$MC = TC - (\pm VAR)$$

航线距离是航线起点到终点间的地面长度,它等于各航段长度之和,其计算方法按《飞行管制 1 号规定》执行。

从航行的经济性和实施空中领航的简便性考虑,地面两点之间可作为航线的有大圆航线和等角航线。

两点之间的大圆圈线,就是通过地心和地面两点的平面与地球表面相交的曲线(大圆弧)。以两点之间的大圆弧作为航线的,就称为大圆航线(图 1-5)。大圆航线是两点之间距离最短的航线,但航线上各点与经线的夹角一般都不相等。

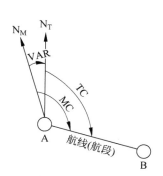

图 1-4　航线角及换算

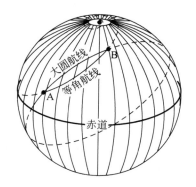

图 1-5　大圆航线和等角航线

两点之间的等角线,是盘向两极的螺旋形曲线。该曲线上,各点的指向与经线的夹角都相等。以两点之间的等角线作为航线的,就称为等角航线(图 1-5)。地球上两点间只有一条等角航线,一般不是大圆航线,且其距离一般比大圆航线长。但在飞行中,由于等角航线上各点的指向与经线的夹角始终保持不变,因而有利于用磁罗盘保持飞机的航向。

1.2　航向

1.2.1　航向的种类

　　航向是领航的基本元素之一,指从飞机所在位置经线的北端按顺时针方向量到飞机纵轴前方延长线(航向线)的夹角,其大小范围为 $0°\sim360°$。飞机的航向用罗盘来测定。罗盘的基准经线可以分为真经线、磁经线和罗经线三种,因而可将航向分为真航向、磁航向和罗航向(图1-6)。

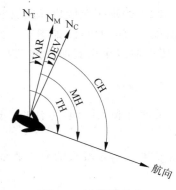

图1-6　飞机的航向

　　真航向(true heading,TH)是以真经线为基准的航向,即从飞机所在位置真经线的北端顺时针量到航向线的角度。

　　磁航向(magnetic heading,MH)是以磁经线为基准的航向,即从飞机所在位置磁经线的北端顺时针量到航向线的角度。

　　罗航向(compass heading,CH)是以罗经线为基准的航向,即从飞机所在位置罗经线的北端顺时针量到航向线的角度。其中,罗经线是飞机上的磁罗盘所测定的南北方向线。由于飞机磁场对磁罗盘的影响,罗经线北端(罗北)常常与磁经线北端不一致。因此将罗北偏离磁北的夹角定义为罗差(deviation),常用DEV表示,其大小范围为 $-5°\sim+5°$。罗差以磁北为基准,罗北偏在磁北以东,罗差为正;罗北偏在磁北以西,罗差为负。罗差的常见表示形式如下:

正罗差:$+2°$　或　$2°E$

负罗差:$-2°$　或　$2°W$

　　在飞行活动中,经常需要利用磁差和罗差对航向进行换算,或者已知航向求磁差和罗差。例如,航向换算见表1-1。

表1-1　航向换算

TH	VAR	MH	DEV	CH
106°		110°		108°
	10°W	325°	2°E	
002°	4°E		4°W	
252°			1°E	258°

1.2.2　航向的测量

　　飞机是通过罗盘来测量和指示航向的。常用的罗盘主要有直读磁罗盘、陀螺半罗盘、陀螺磁罗盘等。在现代化的飞机上则采用航向系统。

1. 直读磁罗盘

直读磁罗盘由磁条、支架、罗盘、航向标线以及外壳等部件组成,其根据磁条恒指南北两极的原理进行工作。它具有体积小、不易发生故障的优点,是飞机上最为常用的测量航向的仪表,如图1-7所示。

直读磁罗盘的外壳固定在飞机上,上面的玻璃中央刻有一条航向标线,代表飞机机头方向。罗盘是环形的,刻有360°的刻度,180°的刻度线固定在S极上。当航向改变时,罗盘不动,外壳随飞机转动,航向标线在刻度环上所对的刻度就是飞机的航向。由于直读磁罗盘指示的是罗航向,使用时必须修正罗差得到磁航向。

此外,在机动飞行时,直读磁罗盘存在倾斜误差、俯仰误差、转弯误差以及加速度误差。在高纬度地区飞行时,由于地磁水平强度很弱,不能准确而稳定地测量航向。

图1-7 直读磁罗盘

2. 陀螺半罗盘

陀螺半罗盘是利用陀螺的定轴性,通过一个二自由度陀螺仪来测定罗盘的基准线,依靠人工调整罗盘基准线同经线的方向一致,从而测定出飞机的航向。目前飞机上使用的陀螺半罗盘有直读式和远读式两种。

(1)直读式陀螺半罗盘:刻度环固定在二自由度陀螺仪的外框上,如果将刻度环上0°～180°线(罗盘基准线)人工调整与经线方向一致,外壳上航向标线指示的就是航向。在飞行过程中,直读式陀螺半罗盘存在自走误差,因而必须每隔约15 min校准一次航向,通过仪表下方的航向调整钮进行调定。

(2)远读式陀螺半罗盘:由陀螺传感器、指示器和控制器等组成。其中,指示器和控制器装在仪表板上,陀螺传感器安装在飞机其他位置。

陀螺半罗盘具有结构简单、造价低、指示稳定、准确等特点,不足之处在于需要人工调定罗盘基准线。因此,飞行中必须与磁罗盘配合使用,并定时与磁罗盘校准。

3. 陀螺磁罗盘

为了弥补陀螺半罗盘基准线不能自动对正经线方向的不足,将远读式陀螺半罗盘和磁罗盘组合在一起,形成陀螺磁罗盘,可分为感应式和磁条式两种,其中感应式陀螺磁罗盘最为常见。感应式陀螺磁罗盘主要由感应式磁传感器、修正机构、陀螺传感器、指示器和角速度传感器等部件构成。

磁传感器和修正机构构成远读磁罗盘,陀螺传感器和指示器构成远读陀螺半罗盘,它们之间通过电位器随动系统连接起来。磁传感器测定的罗航向,经过修正机构修正全部罗差后,输出磁航向信号,去控制陀螺半罗盘的基准线,指示出飞机的磁航向。

感应式陀螺磁罗盘的主要优点有:直线飞行指示航向稳定、准确;转弯误差很小;地磁感应元件灵敏度比较高,在高纬度地区仍可正常工作。

4. 航向系统

航向系统是在感应式陀螺磁罗盘的基础上发展起来的一种组合式罗盘系统,主要由传感器、指示器和控制器等部分组成。其主要特点有:

（1）包含两个或两个以上传感器，可组合成多种罗盘。

（2）航向信号既能输出到指示器提供给飞行员读取，还可以输出给自动驾驶仪、飞行指引仪、无线电导航系统以及飞行数据记录器。

（3）航向指示器与其他指示器组合在一起成为多功能综合指示器。

（4）飞机上都装有两套以上航向系统，确保在一套故障的情况下，仍能将数据正常输出，其转换通过转换电门进行。

飞行中，航向系统可用来保持磁航向或真航向沿等角航线飞行，也可用来保持大圆航向（沿大圆航线飞行时应保持的航向），还可以选择以起降跑道为基准的陀螺方位来进行起落航线飞行。

1.3　高度

1.3.1　垂直位置的表示

飞行中往往使用气压式高度表测量飞行高度，即根据标准大气条件下高度与静压的对应关系进行测量。因而确定航空器在空间的垂直位置需要两个要素：测量基准面和自该基准面至航空器的垂直距离。

1. 测量基准面

测量基准面，即指气压基准面，常用的测量基准面有场面气压（QFE）、修正海平面气压（QNH）、标准海平面气压（QNE）（图 1-8）。

（1）场面气压，指航空器着陆区域最高点的气压，简称场压。

（2）修正海平面气压，指将观测到的场面气压，按照标准大气压条件修正到平均海平面的气压，简称修正海压。

（3）标准海平面气压，指在标准大气条件下海平面的气压，其值为 1 013.2 hPa（或 760 mmHg 或 29.92 inHg），简称标准海压。

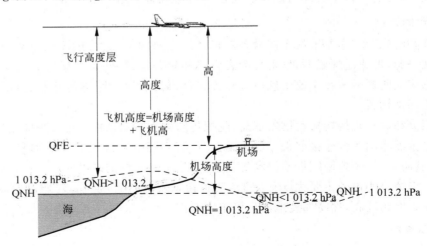

图 1-8　气压高度及其测量基准面

2. 气压高度

根据高度与大气压力之间的关系,通过仪表测量得到的高度被称为气压高度。由于在飞行中选择的气压基准面不同,因此有三种气压高度:场面气压高度、修正海平面气压高度和标准海平面气压高度。

(1)场面气压高度是指以着陆区域最高点气压调整高度表数值为零,上升至某一点的垂直距离,简称场压高度或场高。

(2)修正海平面气压高度是指以海平面气压调整高度表数值为零,上升至某一点的垂直距离,简称修正海压高度或海压高度或海高。

(3)标准海平面气压高度是指以标准海平面气压1 013.2 hPa(或760 mmHg或29.92 inHg)为基准面,上升至某一点的垂直距离,简称标准海压高度。

在标准大气中,气压随着高度升高而下降,下降速率为1 hPa/30 ft,即高度每上升30 ft,气压下降1 hPa;反之,高度每下降30 ft,气压上升1 hPa。利用这个规律,可以计算出飞机在标准大气条件下的气压高度,计算公式为:

标准大气条件下气压高度＝(1 013－QNH)×30＋修正海平面气压高度(飞机高度)

例如,飞机飞行时,气压式高度表设置的气压基准面为1 018 hPa,显示高度为8 500 ft,则其在标准大气条件下的气压高度应为8 350 ft。

3. 高、高度和飞行高度层

在飞行中,航空器对应不同的测量基准面,相应的垂直位置具有特定的名称,如图1-8所示。

(1)高(height)是指自某一个特定基准面量至一个平面、一个点或者可以视为一个点的物体的垂直距离。

(2)高度(altitude)是指自平均海平面量至一个平面、一个点或者可以视为一个点的物体的垂直距离。

(3)飞行高度层(flight level)是指以1 013.2 hPa气压面为基准的等压面,各等压面之间具有规定的气压差。

使用气压式高度表表示高时,必须使用场面气压作为高度表拨正值;表示高度时,必须使用修正海平面气压作为高度表拨正值;表示飞行高度层时,必须使用标准海平面气压作为高度表拨正值。

4. 密度高度

密度高度是将测量得到的空气密度值校正到标准大气条件下的空气密度,经过计算后得出校正后的海拔高度,因而密度高度的气压基准面是标准海平面。当空气的密度增加时,飞机性能提升;相反地,随着空气密度降低,飞机性能降低。空气密度的下降意味着高密度高度;空气密度的增加意味着低密度高度。密度高度用于计算性能。在标准大气条件下,大气中每个高度上的空气都有特定的密度,且在标准条件下,气压高度和密度高度表示的高度相同。

1.3.2　修正海平面气压/标准海平面气压的适用区域

航空器在不同飞行阶段飞行时,需要采用不同的高度测量基准面。

在地图和航图上,地形和障碍物的最高点用标高表示。标高是指地形点或障碍物至平均海平面的垂直距离。为了便于管制员和飞行员掌握航空器的超障余度,避免航空器在机场附近起飞、爬升、下降和着陆过程中与障碍物相撞，航空器和障碍物在垂直方向上应使用同一测量基准，即平均海平面。因此，在机场地区应使用修正海平面气压（QNH）作为航空器的高度表拨正值。

在航路飞行阶段，由于不同区域的 QNH 值不同，如果仍然使用 QNH 作为高度表拨正值，航空器在经过不同区域时需要频繁调整 QNH，并且难以确定航空器之间的垂直间隔。若统一使用标准海平面气压（QNE）作为高度表修正值，则可以简化飞行程序，易于保证航空器之间的安全间隔。

为了便于空中交通管制员和飞行员明确不同高度基准面的有效使用区域并正确执行高度表拨正程序，高度表拨正值适用范围在垂直方向上用过渡高度和过渡高度层作为垂直分界，在水平方向上用修正海平面气压适用区域的侧向界限作为水平边界。

（1）修整海平面气压适用区域

过渡高度是指一个特定的修正海平面气压高度，在此高度或以下，航空器的垂直位置按照修正海平面气压高度表示。

过渡高度层是在过渡高度之上的最低可用飞行高度层。过渡高度层高于过渡高度，二者之间满足给定的垂直间隔（至少为 300 m）。

过渡夹层是指位于过渡高度和过渡高度层之间的空间。

在修正海平面气压适用区内，航空器应采用 QNH 作为高度表修正值，高度表指示的是航空器的高度。航空器着陆在跑道上时高度表指示机场标高。

（2）标准大气压适用区域

在未建立过渡高度和过渡高度层的区域和航路航线飞行阶段，航空器应当按照规定的飞行高度层飞行。各航空器均采用标准大气压，即 1 013.2 hPa 作为气压高度表修正值，高度表指示的是飞行高度层。

1.3.3　高度的测量

气压式高度表根据标准大气条件下高度与静压的对应关系，利用真空膜盒测量静压，从而表示飞行高度。该类仪表的敏感元件是真空膜盒。从静压孔收集来的静压作用在膜盒外，静压变化时，膜盒产生变形，膜盒的变形量经传送机构，使指针转动，指示出相应的高度，如图 1-9 所示。

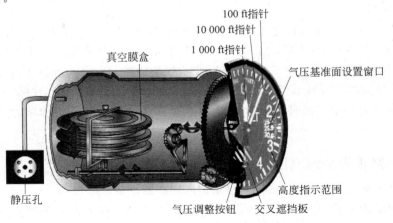

图 1-9　气压式高度表

例如,当飞机爬升到一定高度后,空气密度减少,膜盒外部压力变小,故此膜盒随之膨胀而产生变形,膜盒中心的位移经传动机构传送、变换和放大后,带动指针沿刻度面移动,指示出与气压相对应的高度数值。

图 1-10 为气压式高度表表面,按表面刻度上有无高度指标,可将气压式高度表分为带高度指标(图 1-10(a))和不带高度指标(图 1-10(b))两类,其中,带高度指标的气压式高度表指示部分由指针和刻度盘组成。长指针、短指针、细指针每走一个数字分别增加 100 ft、1 000 ft、10 000 ft。图中两表所示高度均为 6 500 ft。

(a)　　　　　　　(b)

图 1-10　气压式高度表表面

1.3.4　高度表拨正程序

1. 规定过渡高度和过渡高度层的机场

航空器起飞前,应当将机场修正海平面气压(QNH)的数值对正航空器上气压高度表的固定指标;航空器起飞后,上升到过渡高度时,应当将航空器上气压高度表的气压刻度 1 013.2 hPa 对正固定指标;航空器着陆前,下降到过渡高度层时,应当将机场修正海平面气压(QNH)的数值对正航空器上气压高度表的固定指标。

2. 规定过渡高和过渡高度层的机场

航空器起飞前,应当将机场场面气压的数值对正航空器上气压高度表的固定指标;航空器起飞后,上升到过渡高时,应当将航空器上气压高度表的气压刻度 1 013.2 hPa 对正固定指标;航空器降落前,下降到过渡高度层时,应当将机场场面气压的数值对正航空器上气压高度表的固定指标。

3. 没有规定过渡高度、过渡高和过渡高度层的机场

航空器起飞前,应当将机场场面气压的数值对正航空器上气压高度表的固定指标;航空器起飞后,上升到 600 m 高时,应当将航空器上气压高度表的气压刻度 1 013.2 hPa 对正固定指标。航空器降落前,进入机场区域边界或者根据机场空中交通管制员的指示,将机场场面气压的数值对正航空器上气压高度表的固定指标。

4. 高原机场

航空器起飞前,当航空器上气压高度表的气压刻度不能调整到机场场面气压的数值时,应当将气压高度表的气压刻度 1 013.2 hPa 对正固定指标(此时高度表所指的高度为假定零点高度)。航空器降落前,如果航空器上气压高度表的气压刻度不能调整到机场场面气压的数值,应当按照着陆机场空中交通管制通知的假定零点高度(航空器接地时高度表所指示的高度)进行着陆。

1.3.5　我国飞行高度层配备

为了增加空域容量、提高航空公司的运行效益、减轻空中交通管制的工作负荷,国际民航组织(ICAO)从 20 世纪 70 年代起研究缩小垂直间隔标准(reduced vertical separation minimum,RVSM),即将 FL290 至 FL410(含)之间的垂直间隔标准由 2 000 ft 缩小到 1 000 ft(图 1-11)。我国自 2007 年起实施 RVSM,即在现行飞行高度层配备标准基础上,缩小 8 400～12 500 m 高度范围内原 600 m 垂直间隔,即在 8 400～8 900 m 实行 500 m 垂直间隔;其余高度范围实行 300 m 垂直间隔;8 400 m 以下、12 500 m 以上仍分别维持 300 m、600 m 垂直间隔不变。这样,我国飞行高度层的划分标准(图 1-11)可以概括为:

真航线角在 0°～179°范围内,飞行高度由 900～8 100 m,每隔 600 m 为一个高度层;飞行高度由 8 900～12 500 m,每隔 600 m 为一个高度层;飞行高度在 12 500 m 以上,每隔 1 200 m 为一个高度层。

真航线角在 180°～359°范围内,飞行高度由 600～8 400 m,每隔 600 m 为一个高度层;飞行高度由 9 200～12 200 m,每隔 600 m 为一个高度层;飞行高度在 13 100 m 以上,每隔 1 200 m 为一个高度层。

飞行高度层根据标准大气压条件下假定海平面计算。真航线角从航线起点和转弯点量取。

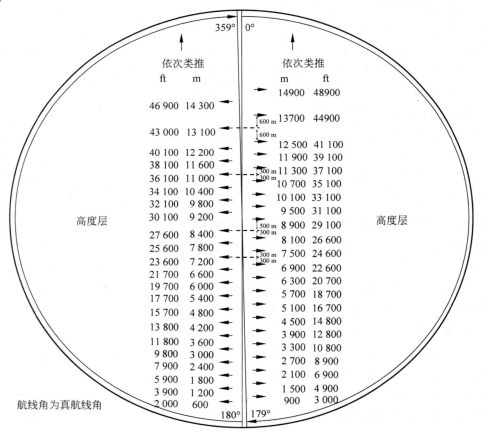

图 1-11　飞行高度层配备标准示意图

实行 RVSM 后,空域容量增大,空中延误减少,使航班正点率提高;同时燃油消耗降低,使运营成本降低。

1.3.6 安全高度的计算与飞行高度层的选择

1. 最低安全高度及计算

最低安全高度(minimum safe altitude,MSA)是指保证飞机不与地面障碍物相撞的最低飞行高度。这一高度必须对飞行区域内的所有超障物具有最小超障余度(minimum obstacle clearance,MOC),即飞机飞越障碍物上空时所具有的最小垂直距离,也称为安全真高。MOC 的大小根据可能造成高度偏差的气象条件、仪表误差、飞机性能及驾驶员技术水平等因素,由中国民用航空局规定并发布。我国规定:航线仪表飞行的最小超障余度是平原地区为 400 m,丘陵和山区为 600 m。

MSA 是根据障碍物标高(ELEV)、最小超障余度(MOC)以及气压修正量(ΔH)计算得到的。计算公式如下:

$$MSA = ELEV + MOC + \Delta H$$

式中,ELEV 是指航线两侧各 25 km 范围内的最大障碍物的标高,可从地图作业或航行资料中查出;ΔH 是沿航线飞行的最低海平面气压于 760 mmHg 而产生的气压修正量,即 $\Delta H = (760 - 航线最低海压) \times 11 (m)$,但一般不作计算,可忽略。

2. 确定航线最低飞行高度层

航线最低飞行高度层的选择依据两个要素,即航线的去向(真航线角)和最低安全高度(MSA)。例如,A 地—B 地真航线角为 085°,航线中心线两侧各 25 km 范围内最高障碍物标高为 926 m,则航线最低安全高度为 1 526 m,最低飞行高度层为 1 800 m。

1.4 时间

时间通常包含两个概念,即时刻和时段。前者是指事情发生的某一瞬间,表示时间的先后;后者则是指两个时刻之间的间隔或时间长度,表示时间的长短。例如,机场预告的所有飞机起飞和到达时间称为飞行时刻表;飞行时间是指从航空器自装载地点开始滑行直到飞行结束到达卸载地点停止运动时为止的时间,可见飞行时间是一个时段。

地球自转一周(360°)需要 24 h,据此可以得到时间与自转角度之间的对应关系(表 1-2)。

表 1-2 时间与自转角度之间的对应关系

自 转 角 度	360°	15°	1°	15′	1′	15″
时 间	24 h	1 h	4 min	1 min	4 s	1 s

1.4.1 地方时与世界时

按本地经度测定的时刻,统称地方时。地方时因经度而不同,较东的地方,有较快(时数较大)的地方时。两地之间地方时刻之差,就是两地的经度差。例如,北京和西安的经度分别是 116°19′E 和 108°55′E,两地的经度差是 7°24′,时刻相差 29 min 36 s。当北京地方时刻为正午 12 点时,西安的地方时刻为 11:30:24。

世界时(universal time,UT),又称格林尼治时间,以 0°经线的地方时作为国际统一时刻。世界时与地方时之间的换算可以通过计算各地与格林尼治的经度差得到,而这个经度差即为它们本身的经度。

世界时是以地球自转为基准的。自从石英钟问世后,地球自转的不均匀性逐渐表现出来。为了摆脱这种不均匀性对时间的影响,曾用历书时取代世界时,作为基本的时间计量系统。历书时以地球公转为基准,以历书秒为单位,其优点在于采用不变的历书秒长,天文推算和天文观测结果相一致。但用天文方法测定历书时,其精度不高,于 1967 年被原子时取代。

原子时是由原子钟导出的时间,它以物质内部的原子运动为基准,是精密的时间系统。国际天文学界于 1967 年定义了原子秒,并建立国际原子时。原子时的秒长具有极高的稳定性,但它的时刻却没有实际的物理意义。然而,世界时的秒长虽不固定,但它的时刻对应于太阳在天空中的特定位置,反映瞬时地球在空间的角度位置。这样,协调世界时(coordinated universal time,UTC)产生了。它以原子时为基础,在时刻上尽量接近世界时。从 1979 年起,国际上用协调世界时取代世界时,作为国际无线电通信业务中的标准时间。

1.4.2　区时

区时是按经度划分的。全球分为 24 个时区,每一时区跨经度 15°,并编有时区的号码。本初子午线所在的时区为零区,跨东西经各 7.5°。零区以东依次为东 1 区、东 2 区……东 12 区,它们的中央经线分别为东经 15°、30°……180°;零区以西依次为西 1 区、西 2 区……西 12 区,它们的中央经线分别为西经 15°、30°……180°。其中东 12 区和西 12 区是两个半时区,叠加为 12 区。每一时区的东西界线距各自中央经线都为 7.5°。各个时区采用各自中央经线的地方时,为全区统一的标准时间,即区时。

各地的区时差异,就是它们所属时区的标准经线的地方时的差异。按区时计算,相邻两时区之间,时刻相差为 1 h;任意两时区的区时之差,等于它们之间相隔的时区数之差。较东的时区,其区时较快。

1.4.3　法定时

区时是理论上的标准时,时区都以经线分界,适用于海上。在陆地上,时区界线通常被自然或行政疆界所代替。许多国家通过法律的形式确定本国采用的时间系统,即称为法定时。法定时采用的标准经度,大多也是区时的标准经度;但也有不少国家的法定时的标准经度,与区时的标准经度迥然不同。许多西方国家的法定时,比它们所在时区的区时快 1 h,如格林尼治时间的故乡英国采用东 1 区的标准时。亚洲某些国家,根据本国所跨的经度范围,采用半时区,如伊朗采用东 3.5 区的标准时,印度采用东 5.5 区的标准时,缅甸采用东 6.5 区的标准时。澳大利亚的情形比较特殊,东、西部分别采用东 10 区和东 8 区的标准时,中部采用东 9.5 区的标准时。因此,飞越上述国家时应特别注意。

1.4.4 日界线

为了避免在时刻换算中发生日期混乱,必须在向东推算时把日期退回1日;或者在向西推算时把日期推进1日。日期进退的界限,称为日界线或国际日期变更线。经日界线划分之后,东12区和西12区之间发生了微妙的变化:二者既属于同一时区,又是相隔最远的两个时区。东12区比西12区早1日。因此,飞越日界线时,要变更日期:自东12区向东经过日界线,日期要退回1日;反之,自西12区向西经过日界线,日期要加上1日。如果要将飞机飞行使用的区时换算成当地区时,还应加上或减去两地之间的时区差数。

1.4.5 日出、日没、天亮、天黑时刻

航空上以太阳上边缘接近地平线的瞬间为日出;以太阳上边缘下降到地平线以下的瞬间为日没;以太阳中心上升到地平线以下7°为天亮;以太阳中心下降到地平线以下7°为天黑(图1-12)。

图1-12 日出、日没和天黑、天亮

地球表面除赤道以外,不同纬度的各个地点,在同一天中,日出日没和天亮天黑的时刻各不相同。同一地点,不同季节的日出日没和天亮天黑的时刻也不相同。每年春分到秋分的上半年中,北半球倾向太阳,昼长夜短,各地点日出早于6点,日没晚于18点;纬度越高,日出和天亮越早,日没和天黑越晚。秋分到春分的下半年中,情形正好相反。日出日没和天亮天黑时刻还与飞行高度有关:飞行高度越高,日出和天亮越早,日没和天黑越晚。

1.5 速度

1.5.1 空速的种类

飞机相对于空气运动的速度称为空速,常用单位有:千米/小时(km/h)、海里/小时(n mile/h,即节kn)。它们之间的转换关系为:1n mile/h(kn)=1.852 km/h。

空速的大小是根据相对气流流速与动压的关系,通过空速表测量出来的,因而带有一定的误差,主要有机械误差、空气动力误差、空气压缩性修正量误差、密度误差等。根据误差来源可以将空速分为以下几种:

(1) 仪表空速(BAS):简称表速,是仪表空速表根据海平面标准大气条件下相对气流流速与动压之间的关系所测定的空速。

(2) 修正空速(CAS):在表速的基础上修正机械误差得到的空速,称为修正空速。

(3) 指示空速(IAS):对修正空速进行空气动力误差修正后得到的空速,称为指示空速。

(4) 当量空速(EAS):在指示空速的基础上,经过空气压缩性修正量误差的修正后,得到当量空速。

（5）真空速（TAS）：当量空速经过密度误差修正后的空速称为真空速。真空速是飞机相对空气运动的真实速度。领航计算时所用的空速是真空速。

此外，常用的空速还有马赫数（Ma），它是指飞机的飞行速度与当时大气（即一定的高度、温度和大气密度）中的音速之比。空速是通过空速表进行测量得到的。

1.5.2 空速的测量

1. 指示空速表

指示空速是由指示空速表测量得到的。指示空速表是根据开口膜盒在动压的作用下产生变形，带动指针来指示表速。指针的转角完全取决于动压的大小，即指示空速的大小。空速大，动压大，仪表指示大；反之，指示小。由此可见，指示空速表是根据海平面标准大气条件下空速与动压的关系，利用开口膜盒测动压，从而测定指示空速，其工作原理如图 1-13 所示。

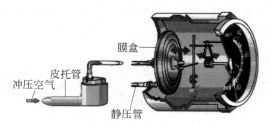

图 1-13　指示空速表的测量原理

2. 真空速表

真空速是通过真空速表测量得到的。真空速表是在标准大气条件下，利用真空速与动压、静压之间的关系，通过真空膜盒和开口膜盒分别随静压和动压的变化，来指示飞机的真空速。动压增大时，开口膜盒膨胀，使指针转角增大；静压减小时，真空膜盒膨胀，支点向右移动，传动比增大，也使指针转角增大。这种真空速表没有感受气温的传感部分，当外界实际气温不等于标准气温时，将出现气温方法误差。

图 1-14 所示两种真空速表的指示部分由指针和刻度盘组成。该类真空速表的刻度盘上涂有不同的颜色标记，以代表不同飞行阶段的速度限制范围和各种极限速度。

3. 马赫数表

真空速与飞机所在高度的音速之比称为马赫数（Ma）。当飞机 Ma 数超过临界 Ma 数时，飞机的空气动力特性要发生显著的变化，飞机的安全性、操控性将出现一系列的变化，此外飞行员根据指示空速表也不能判断飞机所受空气动力的情况，而必须测量 Ma 数，图 1-15 所示为马赫数表的盘面。

图 1-14　真空速表的盘面

图 1-15　马赫数表的盘面

1.5.3　相对速度计算

飞行中相对速度的问题主要出现在三个方面：追赶和相向而行的飞机、不同航迹的飞机、从不同位置起飞的飞机。

1. 飞机追赶和相遇

图 1-16 是两架飞机相向而行的情形。此时它们的相对速度为两架飞机速度之和，即 120 km/h＋250 km/h＝370 km/h。

速度：120 km/h　　　　　　　　　　　　速度：250 km/h

图 1-16　两架飞机相向而行

图 1-17 是两架飞机背向而行的情形。此时它们的相对速度仍为两架飞机速度之和，即 120 km/h＋250 km/h＝370 km/h。

速度：250 km/h　　　　　　　　　　　　速度：120 km/h

图 1-17　两架飞机反向而行

图 1-18 是两架飞机追赶的情形。此时它们的相对速度为两架飞机速度之差，即 250 km/h－120 km/h＝130 km/h。

速度：120 km/h　　　　　　　　　　　　速度：250 km/h

图 1-18　两架飞机同向而行

2. 飞机相遇

【例 1-1】　A、B 两个机场相距 1 000 n mile。09:00，一架飞机 1 以 300 kn 的速度从 A 地出发飞往 B 地。09:30，另一架飞机 2 以 400 kn 的速度从 B 地出发飞往 A 地。问：两架飞机何时相遇？此时飞机 2 离 A 地有多远？

解：第一步，画示意图。通过计算可知，09:30 飞机 1 离 A 地 150 n mile，据此可得图 1-19。

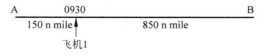

图 1-19　飞机相遇问题示意图

第二步，计算飞机相向而行的速度：300 kn＋400 kn＝700 kn

第三步，计算两机相遇所需的时间：850/700＝1.21 h＝72.6 min

第四步,计算两机相遇的时刻:09:30＋72.6 min＝10:42:36

第五步,计算相遇时飞机 2 离 A 地的距离:1 000 n mile－400×1.21 n mile＝516 n mile

3. 飞机追赶

【例 1-2】　10:15,一架飞机 1 以 250 kn 的速度从 A 地离开。10:45,另一架飞机 2 以 350 kn 的速度也从 A 地出发。若两架飞机的航向一致,但位于不同的高度层上飞行。问:飞机 2 何时能追上飞机 1? 飞机 2 追上飞机 1 前,何时两架飞机相距 30 n mile?

解:第一步,画示意图:通过计算可知,10:45 飞机 1 离 A 地 125 n mile,据此可得图 1-20。

图 1-20　飞机追赶问题示意图

第二步,计算两架飞机追赶时的相对速度:350 kn－250 kn＝100 kn

第三步,计算飞机 2 追赶飞机 1 所需的时间:125/100＝1.25 h＝75 min

第四步,计算飞机 2 追上飞机 1 的时刻:10:45＋75 min＝12:00

第五步,计算两架飞机相距 30 n mile 时的时刻:

$$125 \text{ n mile}－30 \text{ n mile}＝95 \text{ n mile}$$

$$95/100＝0.95 \text{ h}＝57 \text{ min}$$

$$10:45＋57 \text{ min}＝11:42$$

【例 1-3】　飞机 C 以 360 kn 的速度追赶前方 50 n mile 处的飞机 D,预计 25 min 可以追上。问:飞机 D 的速度是多少?

解:第一步,计算飞机追赶时的相对速度:50/(25/60)＝120 kn

第二步,计算飞机 D 的速度:360 kn－120 kn＝240 kn

4. 飞机按时到达

在航线飞行时,天气变化和一些意外会使飞机提前或延迟到达检查点。为了保证飞机在预定时间到达目的地,飞行员需要通过调整飞机速度来消磨或补偿飞行时间。

【例 1-4】　一架飞机以 300 kn 的速度飞往上海虹桥机场,预计到达时间为 12:00。由于中午虹桥机场飞机起降频繁,空中交通流量受到管制,空管人员要求机长晚到 5 min。这样,预计飞行速度将减至 240 kn。问:最晚何时必须减速? 此时飞机距离虹桥机场多远?

解:第一步,选择简单的距离进行计算,如距离虹桥机场 300 n mile 处;若不受管制,飞机将飞行 1 h 到达,即 60 min;若受管制,飞机将飞行 1.25 h 到达,即 75 min。这样,交通管制将使飞机晚到 15 min。

第二步,利用简单的数学关系可以得到,距离虹桥机场 100 n mile 处,飞机因管制将晚到机场 5 min。

第三步,计算飞机减速飞行的时间:100/240＝0.416 7 h＝25 min

第四步,计算飞机最晚减速的时刻:12:05－25 min＝11:40

1.6 风对飞行的影响

1.6.1 气象风和航行风

风是空气相对于地球表面的水平运动。风是矢量,其方向称为风向(WD),大小称为风速(WS)。气象上将风吹来的真方向定义为风向;领航中风向则指风吹去的磁方向,即从磁经线北端顺时针方向量到风的去向的夹角,这一夹角被称为航行风向。

飞行前准备时,如果获取的风向是气象风向,应先换算为航行风向。由前面的定义可知,航行风向与气象风向之间相差180°和一个磁差。

如某地磁差为−7°,气象台预报08:00时风的情况:风向216°,风速5 m/s,此时航行风的大小为5 m/s,风向为43°。

1.6.2 三种运动

飞机在风中航行,同时存在三种相对运动:飞机相对于空气的运动、空气相对于地面的运动、飞机相对于地面的运动。

飞机相对于空气的运动,用空速向量 TAS 表示,真空速和航向分别代表空速向量的大小和方向。

空气相对于地面的运动,用风速向量 WS 表示,风速和风向分别代表风速向量的大小和方向。

飞机相对于地面的运动,用地速向量 GS 表示,地速和航迹角分别代表地速向量的大小和方向。

其中,地速是指飞机在单位时间里所飞过的地面距离。航迹是指飞机实际运动所经过的路线,也称为航迹线。航迹角是指从经线北端顺时针度量到航迹去向的角度,因经线有真经线和磁经线之分,故航迹角也可分为真航迹角(TTK)和磁航迹角(MTK)。飞行中常用磁航迹角,而在地图上标画航迹或推算飞机位置时,必须使用真航迹角,可以通过磁差进行换算。

1.6.3 飞机在风中的航行情形

(1)在无风情况下的航行情形
空中无风时,飞机的航迹与航向一致,即航迹角等于航向;同时,地速等于真空速。
(2)在有风情况下的航行情形
在有侧风下航行,虽然航向、空速没有改变,但由于侧风的影响,飞机除与空气相对运动外,同时还将随风飘移,航迹线将偏到航向线的下风面,地速和空速也常不相等。

如图1-21所示,飞机航向为O_2指向A_3,空速为200 km/h;风从A_3吹向A_2,风速为50 km/h。在风的影响下,飞机实际运动轨迹为O_2到A_2。

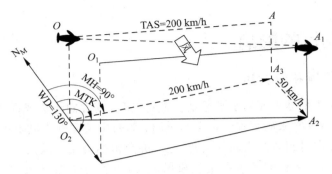

图 1-21　飞机在风中的航行情形

1.7　航行速度三角形

1.7.1　基本概念

根据飞机在风中航行的三种相对运动可以得到三个向量：空速向量、风速向量和地速向量。根据向量合成的原理，这三个向量构成一个三角形，称为航行速度三角形（图 1-22）。它反映了三个向量的关系，即风对飞机航行影响的基本规律。

航行速度三角形包含八个元素：航向（磁航向 MH）、真空速（TAS）、风向（WD）、风速（WS）、航迹（磁航迹 MTK）、地速（GS）、偏流（DA）和风角（WA）（图 1-22）。

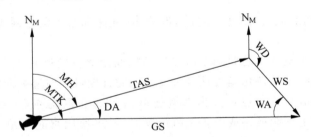

图 1-22　航行速度三角形

1. 偏流

由于侧风的影响，空速向量和地速向量不重合，也可看成航迹和航向不重合。以航向线为参考，将航迹线偏离航向线的角度定义为偏流角，简称偏流，用 DA 表示。左侧风时，航迹线偏在航向线的右侧，规定此时偏流为正，称为右偏流；右侧风时，航迹线偏在航向线的左侧，规定此时偏流为负，称为左偏流。偏流的常见表示形式如下：

右偏流：+6°或 6°right

左偏流：−6°或 6°left

偏流的大小与真空速和风速的大小以及侧风程度有关。

2. 风角

风向线与航迹线的夹角称为风角（WA），用于反映飞机侧风的情况。左侧风时，由航迹线顺时针量到风向线,规定风角为正;右侧风时,由航迹线逆时针量到风向线,风角为负。风角的正负与偏流的正负完全一致。风角的范围由 $0° \sim \pm 180°$。$0°$ 表示顺风,$180°$ 表示逆风,$\pm 90°$ 表示左右正侧风。$0° \sim \pm 90°$ 表示左右顺侧风,$\pm 90° \sim 180°$ 表示左右逆侧风。

需要注意的是,国外许多教材中不使用风角。

1.7.2　求解航行速度三角形

1. 正弦定理和余弦定理

正弦定理和余弦定理反映任意三角形中三条边与对应角的关系。在 $\triangle ABC$ 中,$\angle A$、$\angle B$ 和 $\angle C$ 所对的边分别为 a、b 和 c,则有:

$$正弦定理:\frac{a}{\sin A} = \frac{b}{\sin B} = \frac{c}{\sin C}$$

$$余弦定理:a^2 = b^2 + c^2 - 2bc\cos A$$

$$b^2 = a^2 + c^2 - 2ac\cos B$$

$$c^2 = a^2 + b^2 - 2ab\cos C$$

2. 求解航行速度三角形

参考图 1-22,可以得到航行速度三角形中的正弦定理,即

$$\frac{\text{TAS}}{\sin \text{WA}} = \frac{\text{WS}}{\sin \text{DA}} = \frac{\text{GS}}{\sin(\text{WA} + \text{DA})}$$

【例 1-5】　如图 1-23 所示,已知 $\text{MH} = 100°$,$\text{TAS} = 180\ \text{km/h}$,$\text{WD} = 60°$,$\text{WS} = 15\ \text{km/h}$。求航行速度三角形中的其他元素。

解: 第一步,利用余弦定理求 GS:

$$\text{GS} = \sqrt{\text{WS}^2 + \text{TAS}^2 - 2 \times \text{WS} \times \text{TAS} \times \cos\alpha}$$

$$= \sqrt{15^2 + 180^2 - 2 \times 15 \times 180 \times \cos 40°}$$

$$= 169\ \text{km/h}$$

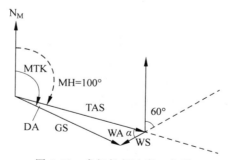

图 1-23　求解航行速度三角形

第二步,求风角 WA:

$$\frac{\text{TAS}}{\sin \text{WA}} = \frac{\text{GS}}{\sin\alpha}$$

$$\frac{180}{\sin \text{WA}} = \frac{169}{\sin 40°}$$

可以求得 WA＝43°。

第三步,求偏流 DA:

$$\frac{TAS}{\sin WA}=\frac{WS}{\sin DA}$$

$$\frac{180}{\sin 43°}=\frac{15}{\sin DA}$$

可以求得 DA＝3°,由于风从航线的左侧吹来,形成右偏流,故 DA＝+3°。

第四步,求航迹角 MTK:

$$MTK=MH+DA=100°+3°=103°$$

本章小结

所有的领航活动都涉及方向、高度、时间和速度,这四个要素被称为领航四要素。由于磁差的存在,航线可分为真航线和磁航线。常用的航线是大圆航线和等角航线。因磁差和罗差的存在,航向可分为真航向、磁航向和罗航向,可通过直读磁罗盘、陀螺半罗盘、陀螺磁罗盘、航向系统等进行测量。

飞行时主要使用气压高度定义飞机的垂直距离。场面气压、修正海平面气压以及标准海平面气压是常用的气压基准面,分别用于确定航空上的高、高度和飞行高度层。过渡高度以下使用修正海平面气压,过渡高度层以上使用标准海平面气压。气压高度可通过气压式高度表进行测量。民航飞行规则明确了高度表拨正程序。2007 年起我国施行 RVSM,形成现有的飞行高度层配备标准。根据航线去向和最低安全高度,可以确定航线最低飞行高度层。

航空上常使用世界时。利用“经度 1°相当于 4 min”这个关系式可进行地方时与世界时的换算。任意两时区的区时之差,等于它们之间相隔的时区数之差。航空上还使用日出、日没、天亮和天黑时刻。

空速可分为仪表空速、修正空速、指示空速、当量空速以及真空速,由空速表测量得到。飞行中相对速度的问题主要出现在追赶和相向而行的飞机、不同航迹的飞机、从不同位置起飞的飞机三个方面。由于风的存在,飞机在风中航行同时存在三种相对运动:飞机相对于空气的运动、空气相对于地面的运动,以及飞机相对于地面的运动,构成航行速度三角形。利用正弦定理和余弦定理,可求解航行速度三角形。

思考题

1. 什么是磁差?如何表示磁差?航空中如何查找磁差?
2. 什么是航线?如何表示航线?真航线角和磁航线角是如何换算的?
3. 什么是大圆航线?有哪些特点?飞行中如何使用大圆航线?
4. 什么是等角航线?有哪些特点?飞行中如何使用等角航线?
5. 什么是罗差?如何表示罗差?

6. 什么是航向？如何定义真航向、磁航向和罗航向？真航向与磁航向、磁航向和罗航向之间是如何换算的？

7. 常用的气压基准面有哪些？是如何定义的？航空上是如何使用这些气压基准面的？

8. 航空上如何定义高、高度和飞行高度层？

9. 什么是气压高度？什么是密度高度？

10. 在我国高度表拨正程序有哪些规定？

11. 什么是过渡高、过渡高度以及过渡高度层？

12. 什么是 RVSM？我国现行的飞行高度层是如何配备的？

13. 什么是最低安全高度？如何计算最低安全高度？

14. 时间和经度是如何对应的？

15. 什么是地方时和世界时？

16. 如何定义天黑和天亮、日出和日没？

17. 空速的种类有哪些？

18. 如何区分气象风和航行风？

19. 飞机在风中航行时存在哪三种相对运动？

20. 航行速度三角形的八个要素是什么？

21. 什么是偏流？如何定义偏流的方向？

22. 什么是风角？

课程思政阅读材料

航空报国精神内涵

为什么 9 月 21 日对中国航空事业如此重要？

中国航空工业纪事：1951 年中国航空工业在抗美援朝烽火中诞生

第2章

地　图

2.1　地图三要素

地图是地球按一定比例缩小为地球仪后,采用一定的方法和符号,将其表面的一部分或全部描绘到平面上的图形。供航空使用的地图,称为航空地图,简称航图。它是每次飞行时进行领航准备和实施空中领航必不可少的工具。因此,正确阅读航图、理解航图提供的信息、熟练掌握地图作业方法,是每个飞行员必须具备的技能。

在地图上,地图比例尺、地图符号和地图投影并称为地图三要素,它是了解地图构成和地图信息的基础。

2.1.1　地图比例尺

地图比例尺是指图上长度与相应地面之间的长度之比,常用的表现形式有数字式比例尺、文字式比例尺和图解式比例尺。

(1) 数字式比例尺:如 1∶5 000、1∶10 000 或 1/15 000、1/10 000。

(2) 文字式比例尺:分为两种,一种是写成"一万分之一""百万分之一",另一种是写成"图上 1 cm 等于实地 1 km"。

(3) 图解式比例尺:又称为线段比例尺,是将地图上 1cm 所代表的地面长度,用线段的形式在地图上表示出来,如图 2-1 所示。

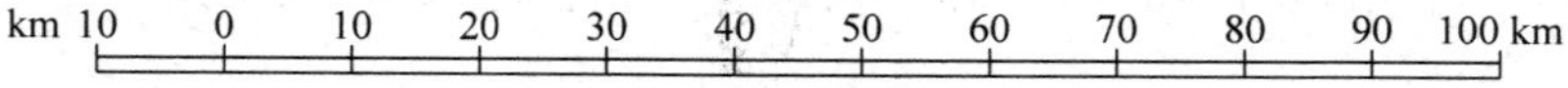

km 10　0　10　20　30　40　50　60　70　80　90　100 km

图 2-1　图解式比例尺

根据比例尺大小,可分为大比例尺地图和小比例尺地图。领航上习惯将比例尺大于五十万分之一的地图称为大比例尺地图;把比例尺小于百万分之一的地图称为小比例尺地图。大比例尺地图包含的范围小,但内容详细,适用于短距离飞行;而小比例尺地图包含的范围大,因而内容简单,适用于中远距离航行。

2.1.2　地图符号

地球表面分布着不同大小和形态的物体，统称为地物。根据分布形态，可将地物分为点状、线状和面状。在地图上将这些地物按比例尺缩小后表现出来，这种表现形式就称为地图符号。不同大小的地物在地图上分别用真形、半真形和代表符号表示出来。

大城市、大湖泊等经缩小后仍可以在地图上表示出来，这种表现符号称为真形符号；铁路、公路、河流等狭长的线状地物按比例缩小后，长度可以在地图上表示，但宽度不能绘制，因而采用半真形符号；小城镇、城市中的高大建筑物等经缩小后无法表现其形状和大小，因此只能使用一些代表符号进行表示。这些符号只表明地物的位置，不能反映其形状和大小。

地形是指地球表面高低起伏的形态，是地图上最主要的表现内容。我们常采用标高点、等高线和分层设色三种形式来表现某一地区的地形特点。标高点一般选取山峰、山脊的顶点，在图上用●或▲表示；等高线是标高相等的各个地点的连线，等高线越密，地形越陡；为了增强表现效果，往往在两条等高线之间，由低到高分别涂上由浅到深的不同颜色，这种表现方式就是分层设色。

2.1.3　地图投影

地图投影是将地球椭球面上的客观世界表现在有限的平面上的数学法则。由于任何球面都不可能直接展成平面，因此，在地图投影的过程中地球表面的一些地方不可避免地会发生形变，称为地图失真。

地图失真主要有三种情况：

（1）长度失真：即地球上某一线段的长度投影到平面上后发生伸长或缩小的变化。

（2）角度失真：即地球上某一角度投影到平面上后发生增大或缩小的变化。

（3）面积失真：即地球上某一区域投影到平面上后发生面积变大或变小的情况。

根据地图失真的情况，可将地图投影分为等距投影、等角投影、等积投影和任意投影。等距投影、等角投影和等积投影分别是指在投影过程中没有发生长度失真、角度失真和面积失真的投影。而既非等距、也非等角和等积的投影称为任意投影。

此外，还可以根据投影面的形状、投影面与球面的相交方式、投影面与球面的位置关系进行分类。

按投影面的形状，可将地图投影分为平面投影、圆柱投影和圆锥投影。

平面投影，又称方位投影，是将地球表面上的经线、纬线投影到与球面相切或相割的平面上去的投影方法（图2-2(a)）。平面投影大都是透视投影，即以某一点为视点，将球面上的图像直接投影到投影面上去。

圆柱投影是用一个圆柱筒套在地球上，圆柱轴通过球心，并与地球表面相切或相割，将地面上的经线、纬线均匀地投影到圆柱筒上，然后沿着圆柱母线展开成平面（图2-2(b)）。

圆锥投影是用一个圆锥面相切或相割于地面的纬度圈，圆锥轴与地轴重合，然后以球心为视点，将地面上的经线、纬线投影到圆锥面上，再沿圆锥母线展开成平面（图2-2(c)）。圆锥投影地图上的纬线为同心圆弧，经线为相交于地极的直线。

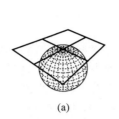

图 2-2　按投影面的形状划分地图投影

（a）平面投影；（b）圆柱投影；（c）圆锥投影

按投影面与球面的相交方式，可将地图投影分为切投影和割投影。

切投影是以平面、圆柱面或圆锥面作为投影面，使投影面与球面相切，将球面上的经纬线投影到平面上、圆柱面上或圆锥面上，然后将该投影面展为平面而成（图 2-3（a））。

割投影是以平面、圆柱面或圆锥面作为投影面，使投影面与球面相割，将球面上的经纬线投影到平面上、圆柱面上或圆锥面上，然后将该投影面展为平面所得到的投影（图 2-3（b））。

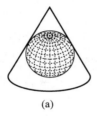

图 2-3　按投影面与球面的相交方式划分地图投影

（a）切投影；（b）割投影

按投影面与球面的位置关系，可将地图投影分为正轴投影、斜轴投影和横轴投影（图 2-4）。投影面与球面的位置关系是指投影面轴线与地轴的位置关系。

正轴投影是指投影面轴线与地轴重合时得到的投影（图 2-4（a））。

横轴投影是指投影面轴线与地轴垂直时得到的投影（图 2-4（b））。

斜轴投影是指投影面轴线既不与地轴重合，也不与地轴垂直时得到的投影（图 2-4（c））。

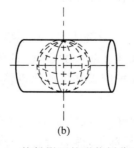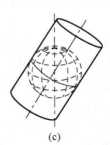

图 2-4　按投影面的形状划分地图投影

（a）正轴投影；（b）横轴投影；（c）斜轴投影

2.2 常用地图投影

2.2.1 墨卡托投影

墨卡托投影,即为等角正轴圆柱投影,是由荷兰地图学家墨卡托于1569年专门为航海目的而设计的。圆柱面与地球仪相切于赤道,按等角条件从球心将经纬网投影到圆柱面上,将圆柱面展开后,即可得到墨卡托投影(图2-5)。

墨卡托投影没有角度失真,在赤道上也不存在其他失真;而其他地区存在长度失真,离赤道越远,长度失真越大。墨卡托投影图上的经线和纬线是互相垂直的平行直线(图2-6)。相邻两条经线的经度差相等,但相邻两条纬线的纬度差离赤道越远,间隔越大。墨卡托投影图最大的特点在于不仅保持了方向和相对位置的正确,而且能使等角航线表示为直线,因此对航海、航空具有重要的实际应用价值。只要在图上将航行的两点间连一直线,并量好该直线与经线间夹角,一直保持这个角度航行即可到达终点。此外,墨卡托投影图上的大圆航线是一条凸向两极的曲线。

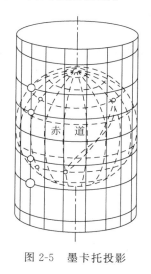

图 2-5 墨卡托投影

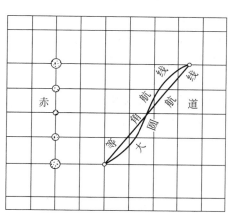

图 2-6 墨卡托投影图

2.2.2 兰勃特投影

兰勃特投影,即为等角正割圆锥投影,由德国人兰勃特创建,是目前航空地图采用的主要投影方法。圆锥面与地球仪上的两条纬线相割,按等角条件从球心将经纬网投影到圆锥面上,将圆锥面展开后,即可得到兰勃特投影图(图2-7)。

兰勃特投影没有角度失真,在相割的两条纬线(标准纬线)上也不存在其他失真;而其他地区存在长度失真,主要取决于该点所处的纬度和投影时选取的标准纬度。在兰勃特投影图上,经线是收敛于极点的直线,纬线是以极点为中心的同心圆,经线和纬线互相垂直

（图 2-8）。由于相等纬差的距离近似相等,在实际使用中可视为等角又等距。此外,近距离的大圆航线可看成直线,等角航线凹向极点。

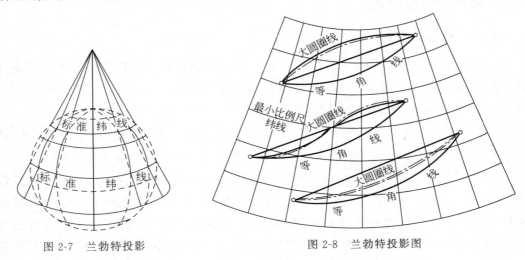

图 2-7 兰勃特投影   图 2-8 兰勃特投影图

2.2.3 极地投影

极地投影可分为球心投影和球面投影。球心投影是指将平面切于地球仪的南极或北极,从地球仪中心将经纬网投影到平面上的投影方法（图 2-9）。球面投影是将灯光置于平面与地球仪相切的另一端的球面上,再将经纬网投影到平面上的投影方法。

除平面与地球仪相切的极点没有任何失真外,其他地区离极点越远,失真越大。在极地投影图上,经线是呈放射状的直线,纬线是以极点为中心的同心圆,纬度越低,纬线间隔越大（图 2-10）。大圆航线在图上是一条直线,等角航线是螺旋曲线。

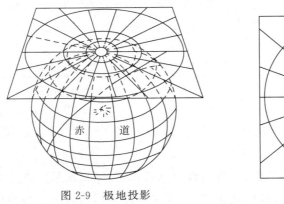

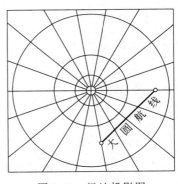

图 2-9 极地投影   图 2-10 极地投影图

以上就是常用的航空地图。根据其投影特点,可以得到三种常用航空地图的比较,见表 2-1。

表 2-1　常用航空地图比较

名　称		墨卡托投影科（等角正轴圆柱投影图）	兰勃特投影图（等角正割圆锥投影图）	极地投影图
特征	经线	平行等距的直线	向极点收敛的直线	从极点向外辐射的直线
	纬线	平行直线：离赤道越远，纬距越大	以极点为中心的同心圆，纬距近似相等	以极点为中心的同心圆：离极点越远，纬距越大
失真情况	性质	等角	等角	任意
	无失真区	赤道或圆柱面同地球相切的纬线	标准纬线	极地
大圆航线		凸向两极的曲线	近距离内近似直线	直线
等角航线		直线	曲线	曲线
领航上应用		海上领航，画等角航线辅助图	世界航图	极地领航图，画大圆图的辅助地图

2.3　航图分幅、编号和拼接

　　为了便于地图的存放、查找、拼接，常将地图以百万分之一世界航图的图幅划分和编号为基础进行分幅和编号。

2.3.1　百万分之一世界航图的分幅和编号

　　在纬度 0°～88°内，百万分之一世界航图的分幅规定如表 2-2 所示。另外，纬度 89°～90°为一幅。每幅图以其所在的列和行来编号。从赤道起，纬度每隔 4°为一列，依次以 1、2、3、…、22 或 A、B、C、…、V 进行编号。行的编号从经度 180°开始，每隔 6°为一行，自西向东进行，共 60 行(图 2-11)。例如，重庆位于第 8 列和第 48 行，编号为 8-48。

表 2-2　百万分之一世界航图分幅

纬　度		0°～60°	61°～76°	77°～84°	85°～88°
分幅	经度差	6°	12°	24°	36°
	纬度差	4°	4°	4°	4°

2.3.2　五十万分之一和大比例尺航图的分幅和编号

　　一幅 1∶100 万的航图可以分为 4 幅(2×2)1∶50 万、36 幅(6×6)1∶20 万和 144 幅(12×12)1∶10 万航图，因此，将一幅 1∶100 万航图分成 4 幅，就得到 1∶50 万航图的图幅，在 1∶100 万航图编号后面加上甲、乙、丙、丁，便是 1∶50 万航图的图幅编号(图 2-12)。

　　同样，一幅 1∶100 万的航图可以分成 36 幅 1∶20 万航图或 144 幅 1∶10 万航图的图幅，并在 1∶100 万航图图幅编号之后加上(1)、(2)、(3)、…、(36)，或 1、2、3、…、144 进行编号，如图 2-13 和图 2-14 所示。

北极
8-48
重庆
90°
108°
126°
144°
162°
180°
72°
54°
36°
18°
0°
60°
48°
36°
32°
28°
24°
12°
102°
106°

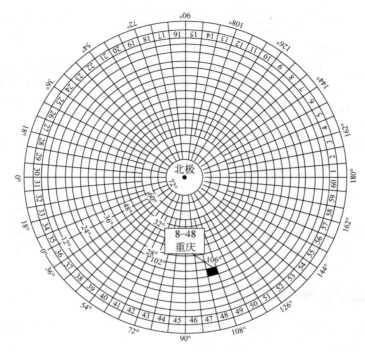

图 2-11　百万分之一世界航图分幅编号

8-48
32°
8-48-甲
8-48-乙
甲
乙
30°
8-48-丙
8-48-丁
丙
丁
28°
102°
105°
108°

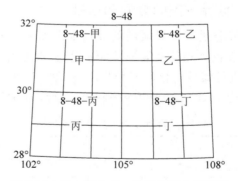

图 2-12　五十万分之一世界航图分幅编号

8-48
32°
31°20′
30°40′
30°
30°20′
28°40′
28°
(1) (2) (3) (4) (5) (6)
(7) (8) (9) (10) (11) (12)
(13) (14) (15) (16) (17) (18)
(19) (20) (21) (22) (24)
(25) (26) (27) (28) (29) (30)
(31) (32) (33) (34) (35) (36)
102° 103° 104° 105° 106° 107° 108°

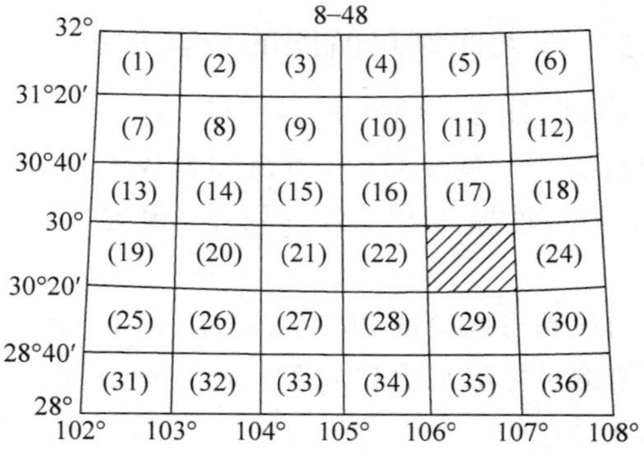

图 2-13　二十万分之一世界航图分幅编号

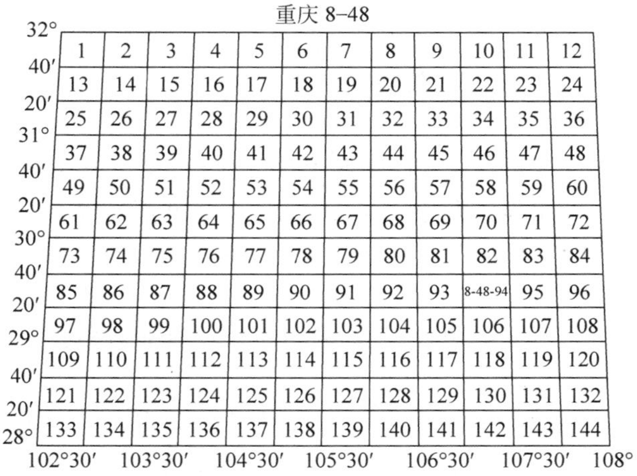

重庆 8-48

1	2	3	4	5	6	7	8	9	10	11	12
13	14	15	16	17	18	19	20	21	22	23	24
25	26	27	28	29	30	31	32	33	34	35	36
37	38	39	40	41	42	43	44	45	46	47	48
49	50	51	52	53	54	55	56	57	58	59	60
61	62	63	64	65	66	67	68	69	70	71	72
73	74	75	76	77	78	79	80	81	82	83	84
85	86	87	88	89	90	91	92	93	8-48-94	95	96
97	98	99	100	101	102	103	104	105	106	107	108
109	110	111	112	113	114	115	116	117	118	119	120
121	122	123	124	125	126	127	128	129	130	131	132
133	134	135	136	137	138	139	140	141	142	143	144

左侧纬度标注：32°、40′、20′、31°、40′、20′、30°、40′、20′、29°、40′、20′、28°

底部经度标注：102°30′　103°30′　104°30′　105°30′　106°30′　107°30′　108°

图 2-14　十万分之一世界航图分幅编号

2.4　地图作业

地图作业包括航空地图的选择和拼接以及航图上确定位置、画航线、量数据、标注数据等图上作业，它是飞行员必须具备的基本技能，应当熟练掌握。

2.4.1　航图的选择和拼接

在飞行前准备时，飞行员需要根据飞行区域、距离、时间和飞机速度来选择适当的航图。航图的选择要从地图的准确性、地图比例尺、地图投影、地图内容、出版日期等方面进行考虑。例如，近距离飞行时宜选择比例尺较大的航图；相反，远距离飞行时宜选择比例尺较小的航图。在中纬度地区飞行时，一般选择兰勃特投影航图；而在低纬度地区飞行时，可以选择墨卡托投影航图。

长距离飞行前，还需要对多幅航图进行拼接。航图拼接时，先按航图边缘注记的图幅结合表（邻接图表），找出邻接的航图；然后按上压下、左压右的顺序，将相同度数的经纬线以及主要的线状地标互相对齐接好，避免主要飞行地区出现空隙。

2.4.2　图上作业

图上作业包括在航图上确定位置、画航线、量数据、标注数据等。

（1）确定位置：给定某一位置点的经纬度，在航图上，分别在给定经度和纬度处作经线和纬线的平行线，其交点即为该位置点。对于航图上的某一位置，在图上分别作通过该位置的经线、纬线的平行线，在附近的经线上确定纬度，在纬线上确定经度，即可得到该处的经纬度。

（2）画航线：将航图上的若干位置点（航线上的起始点、转弯点等），用蓝（黑）色笔以直线形式连接起来。需要注意的是，由于这些位置点以圆圈表示，作图时应避免将直线画入各点圆圈内。

（3）量数据：航图上数据的测量包括量取航线角和航线距离。

① 量航线角：航线角用向量尺上的量角器进行量取。由于航图上经线都是真经线，因此从航图上得到的航线角都是真航线角。大圆航线以航线起点的经线为准，而等角航线可以在任意经线处量取。如果以大圆航线按等角航线飞行，则应从航线中间位置的经线处量取。

具体做法为：将量角器中心放在航线与经线交点处，尺边压住航线，从与经线北段重合的刻度线上读取数据。如果航线角小于 180°，则读取最外圈刻度；如果航线角大于 180°，则读取第二圈刻度；如果航线角在 180°或 360°附近，则分别从与纬线重合的刻度线上第三圈或第四圈上读出航线角。

由于航图上标注的是磁航线角，因此需要将量出的真航线角换算为磁航线角，即修正磁差。在航图上，磁差以等磁差线的形式给出。

② 量航线距离：向量尺的量距尺是可移动的线段比例尺，上面刻有 1∶100 万和 1∶200 万的比例尺刻画。量距离时，选择与地图比例尺相同的比例尺刻画，使 0 刻度对正航段起点，沿航线从航段终点所对的刻度处读出距离。如果有检查点，则应从检查点正切位置分段量出。

（4）标注数据

① 标记航线角和距离：航线数据标记一般沿航线去向方向的右侧进行。具体做法是在航线方向右侧画一垂直短横线，横线上用蓝（黑）色注上距离，横线右侧用红色标上磁航线角。

② 标记航线最大标高：以飞行区域内，航线左右 25 km 范围内最高物体的高度作为航线最大障碍物。首先确定这一障碍物的位置，再用蓝（黑）色长方形框将该位置框出。

③ 标注磁差：在航图上飞行区域的适当位置，用红笔画出一个 5 mm 圈，然后用红笔在其中标出数值。

④ 标注导航台：确定导航台位置后，用红笔在该位置上画一个三角形。

2.5　杰普逊航图

杰普逊公司是一家专门从事航行情报服务的公司，它收集并整理全球各国民航当局公布和出版的航图及导航数据，按照统一格式汇编成杰普逊航路手册，为使用者提供及时、完整、准确的飞行信息。杰普逊航路手册中以航图描述飞行程序，并以杰普逊专有格式出版并发布。标准的杰普逊航路手册中的信息资料包括：简要公告、使用简介、航图变更通知、航路、无线电设备、气象、数据表格和代码、空中交通管制、入境规定、紧急情况、机场指南、终端区图以及航路手册的修订单和修订记录。其中，航图部分包括航路图和终端区航图，下面对其进行介绍。

2.5.1　航路图

杰普逊航路手册的航路部分包括航路飞行阶段涉及的航路和空中交通服务等相关资料及图表、空域划分、飞行程序和特殊管理规定，以及飞行时必须遵守的各种规定和相关的文字资料。其内容包括两部分，即文本和图形资料以及航路图。

（1）文本和图形资料一般包含通信资料、导航资料、航路代号、公司运行控制、航路图索引、首选的 IFR 航路、航路可用性文件、条件航路和二次雷达（SSR）程序。

（2）航路图能够帮助使用者计划飞行航路、保持飞行的位置和航迹、保持安全的高度及确保导航信号的接收。航路图上能够提供的信息包含航线、管制空域限制、导航设施、机场、通信频率、最低航路或超障高度、航段里程、报告点以及特殊用途空域等飞行中所必须的航行资料，如图 2-15 所示。根据航路图所覆盖的空域范围的不同，航路图主要可以分为低空航路图、高空航路图、高/低空航路图和区域图。

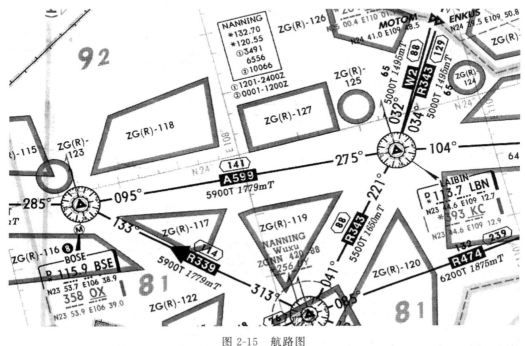

图 2-15　航路图

2.5.2　终端区航图

除航路飞行外，终端区运行程序包括从起飞离场到进近着陆的其他全部飞行程序。终端区航图包括标准仪表离场图、标准仪表进场图、仪表进近图和机场图。此外，还提供垂直下降角参考表、下降率转换表、机场标高对应的百帕/毫巴值等相关资料。

终端区航图中有大量共性内容，如标题栏中的机场地名、航图标识、航图索引号、航图修订日期、机场代码和机场名称等，如图 2-16 所示。

2.5.3　标准仪表离场图

标准仪表离场图为航空器提供离场程序，该程序能够引导航空器起飞后从机场过渡到航路飞行；可以简化空中交通管制（ATC）指令，避免通信拥挤，满足超障要求；减少油耗并且降低噪声。在杰普逊航路手册中，同一机场的离场程序通常被编排在进近程序之前。

在航图的右上角用"SID"标明该航图是标准仪表离场图。标准仪表离场图描绘起飞离场直至加入航线的离场程序。标准仪表离场图由标题栏和平面图两部分组成。

（1）标题栏介绍了航图的修订日期和航图生效日期、机场标高、机场名称、机场四字代

VHHH/HKG HONG KONG INTL　3 MAR 06　(10-3T)　Eff 16 Mar　| JEPPESEN HONG KONG, PR OF CHINA | SID

| HONG KONG Departure 123.8 | Apt Elev 28' | Trans level: 980 hPa or above - FL110
979 hPa or below - FL120　　Trans alt: 9000'
1. When instructed contact HONG KONG Departure.　2. On first contact with HONG KONG Departure state callsign, SID designator, current and cleared altitude.　3. Final cruising level will be issued by HONG KONG Radar not later than 10 minutes prior to TMA boundary. |

VHHH/HKG HONG KONG INTL　25 MAR 11　(10-2)　Eff 7 Apr　JEPPESEN HONG KONG, PR OF CHINA | STAR

| D-ATIS 128.2 | Apt Elev 28' | Alt Set: hPa
Trans level:　FL110 980 hPa or above
　　　　　　FL120 979 hPa or below　　　　Trans alt: 9000'
If required request radar assistance to follow correct track. |

图 2-16　终端区航图标题栏

码及三字代码、机场所在地地名、离场航图索引号、离场通信频率、高度表拨正数据(过渡高度和过渡高度层等)以及离场程序名称等,如图 2-17 所示。

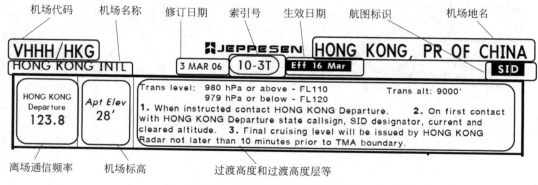

图 2-17　标准仪表离场图标题栏

（2）平面图介绍了机场的基本信息,包括机场的位置,跑道的方向和相对长度,离场程序飞行路线、航向、爬升梯度等信息,导航台及航路点信息和离场程序要素信息,同时还可以在平面图上查找相关的速度限制、空域限制和减噪程序等信息,如图 2-18 所示。

2.5.4　标准仪表进场图

标准仪表进场图为航空器提供由脱离航路飞行过渡到终端区飞行的方法,可以方便ATC 利用标准仪表进场图标注进场航路代号发布进场指令,简化 ATC 与飞行员之间的通信程序。

在航图的右上角用"STAR"标明该航图是标准仪表进场图,个别进场图采用"ARRIVAL"标识用于特定跑道却没有提供用于填写飞行计划的标准进场航路代号的进场程序。标准仪表进场图与标准仪表离场图结构类似,同样由标题栏和平面图两部分组成。

（1）标题栏介绍了航图的修订日期和航图生效日期、机场标高、机场名称、机场四字代码及三字代码、机场所在地地名、离场航图索引号、离场通信频率、高度表拨正数据(过渡高

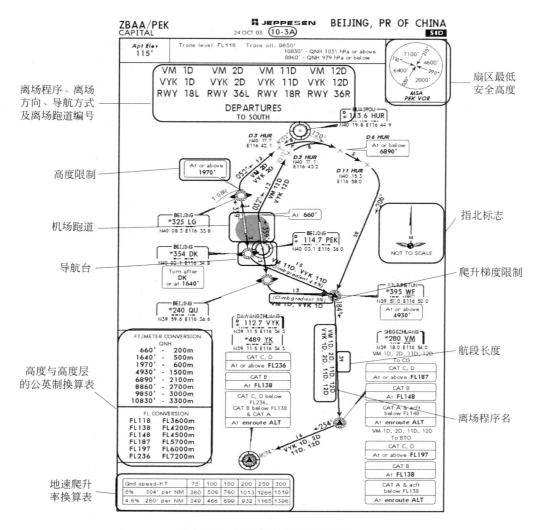

图 2-18　标准仪表离场图平面图

度和过渡高度层)以及离场程序名称等,如图 2-19 所示。

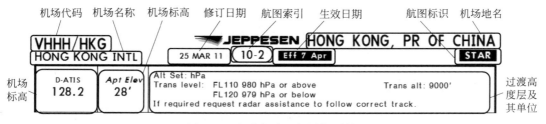

图 2-19　标准仪表进场图标题栏

（2）平面图介绍了机场的基本信息,包括进场程序命名和编号、方位信息、机场的位置、跑道的方向和相对长度、进场程序飞行航迹、导航台和定位点等信息,同时还可以查找进场程序的使用限制条件（如速度限制）,如图 2-20 所示。

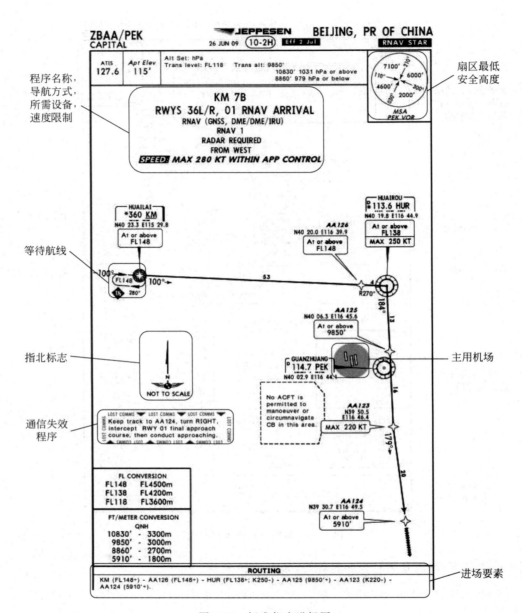

程序名称，
导航方式，
所需设备，
速度限制

扇区最低
安全高度

等待航线

指北标志

通信失效
程序

主用机场

进场要素

图 2-20　标准仪表进场图

2.5.5　仪表进近图

　　仪表进近图是仪表进近程序的直观图形表示。在实施仪表进近之前，飞行员必须完整地预览仪表进近程序，通过读取仪表进近图中的进近简令，确保调谐正确的无线电通信和导航频率、正确设置下降最低高度，并且明确仪表进近和复飞程序的执行方法。

　　杰普逊仪表进近图主要包括标题栏、平面图、剖面图和着陆最低标准四部分，如图 2-21 所示。

图 2-21 仪表进近图布局

（1）标题栏包括四部分：图边信息、通信信息、进近简令条和复飞程序。图边信息中介绍了机场名称及代码、修订日期、进近种类及适用跑道等（图 2-22(a)）；通信信息是根据方便飞行员阅读使用的顺序进行排列，从左至右分别为自动终端情报服务（ATIS）（或气象自动观测系统（AWOS）、自动地面观测系统（ASOS）等）频率、进近管制频率、塔台管制频率及地面管制频率（图 2-22(b)）；进近简令条中详细内容见图 2-22(c)；复飞程序中包含复飞路

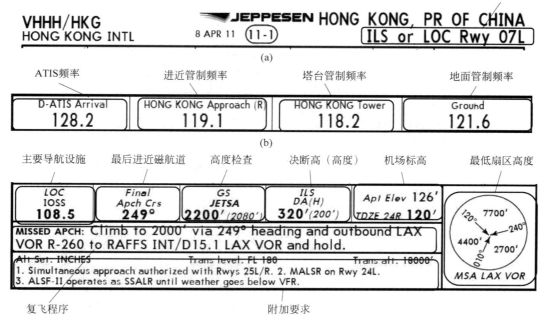

图 2-22 仪表进近图标题栏

（a）图边信息；（b）通信信息；（c）进近简令条

线、要求及导航信息。

（2）仪表进近图平面图提供进近程序的直观图形，包含进场航段、起始进近航段、中间进近航段、最后进近航段和复飞航段。在平面图中，包含地形信息、建筑物信息、导航信息、飞行航迹信息及定位点信息等。常见图标如图 2-23 所示。

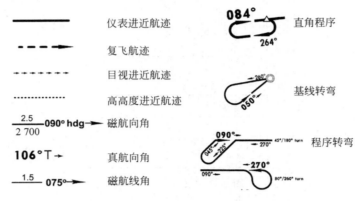

图 2-23　仪表进近图平面图图标

（3）仪表进近图的剖面图用立面图直观地表示进近程序垂直方向的飞行航迹，起点与平面图相同，但是剖面图并不按比例尺绘制。剖面图中提供下降航迹（如最后进近磁航道），定位点（如高度检查点信息），推荐的下降高（如跑道入口高度），地速-下降率换算表及灯光、复飞图标等信息。飞行员可以根据进近条件采用精密进近或非精密进近程序，并沿剖面图指示的信息进行。具体如图 2-24 所示。

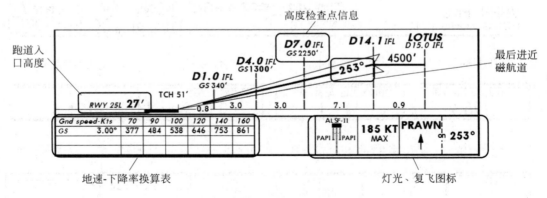

图 2-24　仪表进近图剖面图

（4）仪表进近程序的最低着陆标准表格（图 2-25）位于仪表进近图的最底部（图 2-21）。根据航空器和机场条件，提供精密进近、非精密进近及目视盘旋的最低着陆标准，将取得目视参考的最低高度和最低能见度以表格的方式表示出来。精密进近程序的最低着陆标准包含跑道视程（RVR）/能见度（VIS）和决断高度/高（DA/DH）；非精密进近程序的最低着陆标准包含 VIS 及最低下降高度/高（MDA/MDH）。

直线进近最低着陆标准
盘旋进近最低着陆标准
STRAIGHT-IN LANDING RWY 07R
CIRCLE-TO-LAND
Missed apch climb gradient mim 4.0%
DA(H) 228′(200′)
ILS
Missed apch climb gradient mim 2.5%
DA(H) 348′(320′)
LOC (GS out)
MDA(H) 430′(402′)
FULL
TDZ or CL out
ALS out
FULL
ALS out
ALS out
飞机类别
A
B
C/D
RVR 550m VIS 800m
RVR 720m VIS 800m
1200m
900m
RVR 1500m VIS 1600m
2000m
PROHIBITED
Climb gradient up to 1300′.
精密进近直线最低着陆标准
非精密直线进近最低着陆标准

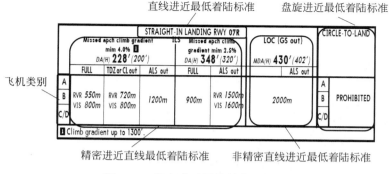

图 2-25　仪表进近图最低着陆标准

2.5.6　机场图

机场图用于帮助飞行员正确地沿空管指定的滑行道滑行，滑入指定跑道起飞离场或滑入预定的停机位停靠。机场图由标题栏、平面图、跑道附加信息和起飞（备降）最低标准四个部分组成。

（1）标题栏包括图边信息和通信信息（图 2-26）。标题栏的图边信息包含：机场四字代码及三字代码、机场标高、机场经纬度坐标、修订及生效日期、机场序列号、机场地名及机场名称。通信信息内容较多，从左至右分别是 ATIS 频率、ATC 放行许可频率、地面管制频率、塔台通信频率及离场管制频率。方便飞行员从左至右阅读和使用，是目前国际上广泛使用的航图格式。

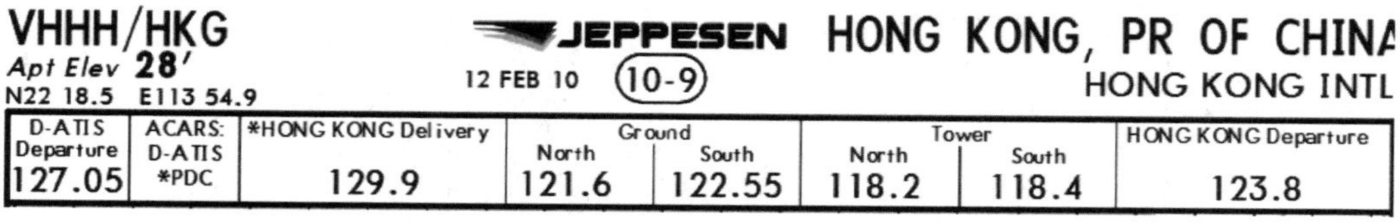

VHHH/HKG
Apt Elev 28′
N22 18.5 E113 54.9
JEPPESEN
12 FEB 10
10-9
HONG KONG, PR OF CHINA
HONG KONG INTL
D-ATIS Departure 127.05
ACARS: D-ATIS *PDC
*HONG KONG Delivery 129.9
Ground North 121.6 South 122.55
Tower North 118.2 South 118.4
HONG KONG Departure 123.8

图 2-26　机场图标题栏

（2）平面图描绘了机场的总体构成，包括机场跑道、滑行道、停机坪、航站楼、灯光系统（如进近灯光）及相关的气象测量设施（如风袋、跑道视程仪）等。机场图通常按照一定比例进行绘制，但跑道端的停止道、滑行道、四周道路和进近灯光系统除外，如图 2-27 所示。

（3）跑道附加信息中介绍了在机场平面图中无法详细给出的一些信息，主要包括跑道灯光系统的详细信息、可用跑道长度及宽度信息、注释信息等，如图 2-28 所示。

（4）起飞（备降）最低标准部分一般包含起飞最低标准、障碍物离场程序以及备降最低标准三个方面的内容。起飞最低标准规定了飞行员在起飞过程中取得目视参考的最小 RVR 和 VIS；障碍物离场程序适用于起飞后到航路的过渡阶段，可以帮助飞行员简化离场指令，确保超障余度；备降最低标准则是为飞行员提供该机场作为备降场时，最低的着陆标准如图 2-29 所示。

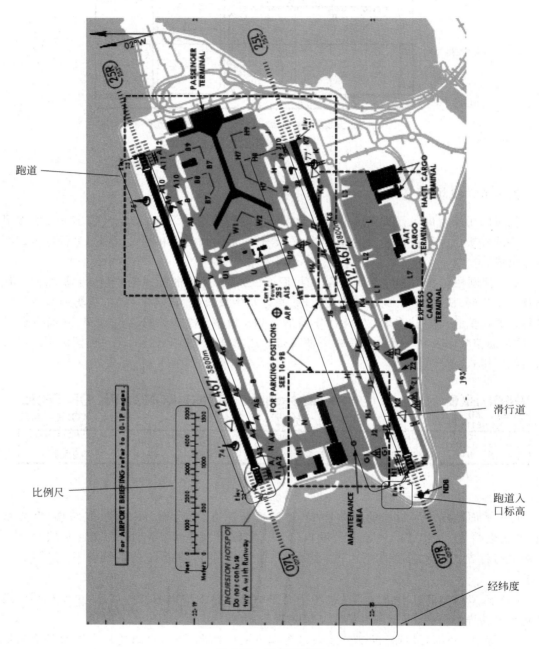

图 2-27　机场平面图

跑道灯光系统

跑道号

可用跑道长度

跑道注释信息

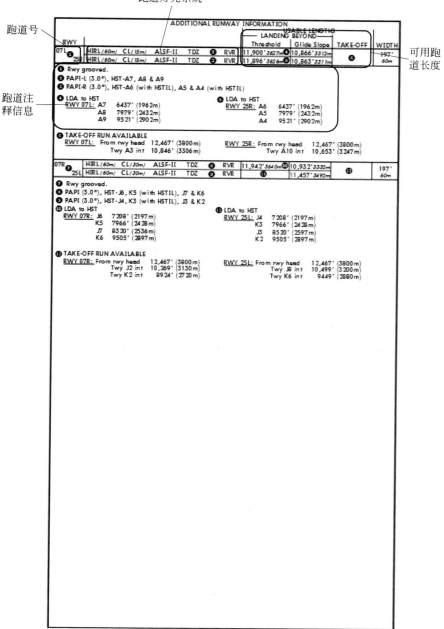

图 2-28 机场图跑道附加信息

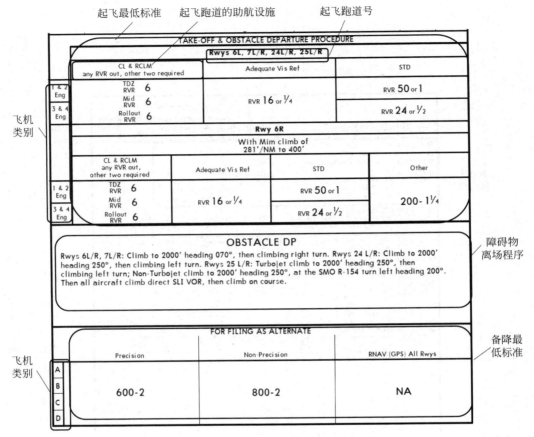

起飞最低标准　起飞跑道的助航设施　起飞跑道号

飞机
类别

障碍物
离场程序

飞机
类别

备降最
低标准

图 2-29　机场图起飞（备降）最低标准

本章小结

　　地图是领航的重要工具。在地图上,地图比例尺、地图符号和地图投影并称为地图三要素。其中,常用的地图投影有墨卡托投影(正轴等角圆柱投影)、兰勃特投影(等角正割圆锥投影)和极地投影,由此可得到对应的三种航图。由于地图制作时采用不同的成图方法,因此地图上存在不同程度的长度、角度或面积失真。世界航图是 1∶100 万的兰勃特投影航图,以其为标准进行分幅和编号,飞行前进行拼接。图上作业的内容包括在航图上确定位置、画航线、量数据、标注数据等。常用的杰普逊航图包括航路图、标准仪表进/离场图、仪表进近图、机场图等终端区航图。

思考题

　　1. 什么是地图三要素?

　　2. 什么是地图比例尺? 常见的地图比例尺表现形式有哪些?

3. 什么是地图符号？有哪些表现形式？

4. 什么是地图投影？有哪些常见的失真？有哪些投影方式？

5. 墨卡托投影的特点有哪些？

6. 兰勃特等角投影的特点有哪些？

7. 极地投影的特点有哪些？

8. 百万分之一世界航图是如何分幅和编号的？

9. 地图作业的内容有哪些？

10. 常用的杰普逊航图有哪几种？每种航图提供的信息各有哪些？

课程思政阅读材料

地图和国家版图

中国地图，一点都不能错

标准地图了解一下

第3章

地标罗盘领航

3.1　地标罗盘领航的定义

　　地标罗盘领航是目视飞行规则下所用的一种领航方法,是地标领航与罗盘领航的结合。地标领航是指用地图对照地面,根据辨认的地标确定飞机位置、航向和距离,从而引导飞机正确航行的方法。地标领航简单可靠,但易受到地形环境、天气变化、飞行高度、飞机速度等条件的影响。

　　罗盘领航是根据飞行中所测定的航行元素和航行的基本规律,推测飞机位置、航向和距离,以便引导飞机正确航行的方法,因而也称为推测领航。罗盘领航在原理上是各种领航的基础,结合各种不同的领航方法,可以应用在不同的飞行条件下。

　　地标领航与罗盘领航常一起使用,称为地标罗盘领航。该方法以地标定位为基础,推测计算为主要手段。地标罗盘领航是最原始、但最实用的领航方法,特别是在无线电导航设备出现故障时,可用于引导飞机进行航行。

3.2　地标及其定位

　　地标是指飞行中可以从空中辨认的地物,如江、河、湖、海、山峰、高大建筑物等。飞行员利用地标可以方便地确定飞机位置,判断航迹是否正确。

3.2.1　地标的分类

　　地球表面起伏很大,地貌类型种类繁多,加上人类高度开发,造成地标大小不同、形态各异。根据空中可见地标的几何形态,可将地标分为点状地标、线状地标和面状地标。

　　(1)点状地标:很多地物在地面具有一定的面积,但从空中看去,面积很小,可视作一个点,这些地标称为点状地标,如村落、小岛、孤立的山峰、灯塔、小型的桥梁、高大建筑物、公路的交汇点等。

　　(2)线状地标:从空中俯瞰,地面上的河流、海岸线、公路、铁路、大型桥梁等呈线状分布,这样的地标称为线状地标。

(3) 面状地标:从空中观测,具有一定面积的地标称为面状地标,如湖泊、大型岛屿和水库、城市、机场等。

有些地标因季节、气候、时间的变化而发生改变,如水库和湖泊,雨季时水量大,但旱季时水量小,导致水面面积减少,甚至干涸;又如河流,可能因地表开发出现截流或改道。所以进行地标领航时,要注意地标的改变并进行判断;同时,在地图上一般都会画出或标注这些地标,因此飞行时要选用最新的地图用于领航。

3.2.2　定位点和位置线

定位点是指某一时刻飞机所处的地理位置,可通过目视参考或无线电辅助设备确定。其中,由目视参考确定的定位点称为目视定位点,由无线电辅助设备确定的定位点称为无线电定位点。

位置线是指某一时刻飞机相对于某一地物或无线电辅助设备的运动轨迹,可以通过线状地标、航线上两个地标以及无线电方位线确定。位置线的主要作用有:

(1) 飞机定位:利用相交的两条位置线可以确定飞机位置。

(2) 检查地速:利用与航线垂直的位置线进行地速检查。当飞机经过两条位置线时,记录下当时的距离和时间,即可计算得到当时的地速,进而用于修正到达下一个定位点或目的地的预计时刻。

(3) 估算偏流:利用与航线平行的位置线进行偏流估算。飞行中如果发现飞机航迹与位置线不平行,说明飞机发生偏航,这往往是由飞行中风的改变引起的,因而需要重新估算偏流,并修正航向,尽快回到预定航线上。

3.2.3　地标的选择

目视飞行时,地标往往用于确定航路上的检查点,可以将航路上的地标作为检查点,也可以将航路附近的地标设置为检查点。在时间上,一般每间隔 $10\sim15$ min 设置一个检查点,这样根据飞机地速,即可得到相邻两个检查点之间的距离。例如飞机地速为 100 kn,两个相邻检查点的间距为 $10\sim15$ n mile,根据飞行方向,进而在航图上确定航路检查点的位置以及相邻的地标。

3.2.4　按地标确定飞机位置

飞行中要想找到地标并使用地标进行定位,需要经历对正地图、观察位置、地标定位三个步骤。

1. 对正地图

地图是领航的必要工具之一。飞行时,飞行员通过地图来了解地标的分布,从而辨认地标,确定飞机位置。对正地图的目的是使地图上的方向与地面上的方向一致,便于用地图同地面对照,因此辨认地标前,先要对正地图。常用的方法有按航线对正地图、按航向对正地图、按线状地标对正地图等。

(1) 按航线对正地图:按预定航线飞行时,把地图上航线的去向对正机头,此时地图和地面的方向基本一致。

（2）按航向对正地图：不按预定航线飞行时，首先从罗盘上读出飞机航向；然后，在地图上目测出相应的方向，并对正机头，使地图上的方向大体与地面上的方向一致。

（3）按线状地标对正地图：飞行中，在有明显线状地标的地区，可以利用线状地标进行地图对正。首先在地图上确认该地标，然后使地图上该线状地标的走向与地面上的方向一致，这样，地图上的方向就和地面上的方向基本一致。最后，要仔细核对，以防把地图拿反180°。

2．观察位置

飞行的时候，地面上的地标不停地从视野里通过，观察地标的时间有限。因此，飞行时要有计划地辨认地标（预定点）。在到达预定点前，根据某一时刻的飞机位置，按飞机保持的航行元素，准确计算飞机到达地标的时刻，在到达地标前的3～5 min，从飞机正下方搜索预定点附近明显的线状或面状地标以及突出的点状地标。找到后，用地图对照，确定地标及其名称，并通过这些地标找到预定点。

3．地标定位

辨认出地标后，可以根据需要来确定飞机位置，有三种情况：

（1）如果飞机从地标上空通过，该地标在地图上的位置即为飞机的实测位置，在地图上查出该地标并记下"×"和飞越的时刻。

（2）如果飞机从两地标间通过，先目测出飞机与两地标间的距离，再在地图上根据目测出的距离标出相应地点，即为飞机位置。

（3）如果飞机从地标正侧方通过，先目测出飞机与两地标间的距离，再在地图上该地标的正侧方量出水平距离，即得飞机位置。

3.3 推算应飞航向、预达时刻和飞机位置

3.3.1 推算应飞航向

飞行中往往有侧风存在，使飞机的航迹线与预定航线不一致，这种现象称为偏航。为保证飞机能沿着预定航线飞行而不发生偏航，需要对飞机航向进行修正，修正后得到的航向称为应飞航向，常用 $MH_{应}$ 表示。如图 3-1 所示，在无风或无侧风时，应飞航向与飞机的预定航线方向一致。在有侧风的情况下，如果不修正偏流，飞机保持预定航线方向（一般用磁航线角 MC 表示）飞行（$MH_{应}=MC$），将飞至航线的下风向。因而，为保证飞机沿着预定航线飞行，应在预定航线方向（航线角）的基础上，迎风修正由侧风引起的偏流（DA），并保持修正后的航向进行飞行。

这样，在有侧风的情况下应飞航向的计算公式为

$$MH_{应}=MC-DA$$

【例 3-1】 飞机沿着磁航线角 MC＝210°飞行，测得偏流为＋5°，问应飞航向是多少？

解：$MH_{应}=MC-DA=210°-5°=205°$。

3.3.2 推算预达时刻

在地标定位前，需要推算到达预定点的时刻，以做好准备进行地标识别，这个时刻就称

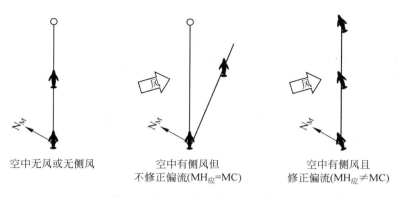

| 空中无风或无侧风 | 空中有侧风但
不修正偏流(MH$_应$=MC) | 空中有侧风且
修正偏流(MH$_应$≠MC) |

图 3-1 风与航向的关系及其影响

为预达时刻,用 ETA 表示。预达时刻是利用飞机某一时刻的位置和当时的地速来推算飞机到达某一预定点的时刻,是飞行中反复进行的工作之一。

【例 3-2】 一架飞机于 12:17 通过导航台 A,飞往航路点 B,预计飞行时间为 45 min,问什么时刻能到达航路点 B?

解:ETA=12:17+0:45=13:02,即飞机预计于 13:02 到达航路点 B。

【例 3-3】 如图 3-2 所示,一架飞机于 17:45 飞越机场 A 上空,飞往机场 B,在 18:00 确定飞机位置在导航台 C,问预计到达机场 B 的时刻是多少?

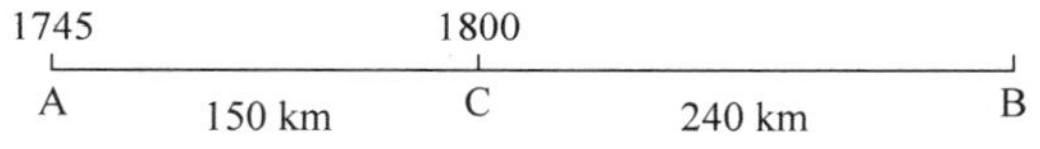

```
        1745              1800
        ├─────────────────┼──────────────────────┤
        A    150 km       C      240 km           B
```

图 3-2 计算预达时刻

解:第一步,利用已飞距离和时间计算地速:
$$150 \text{ km}/(18:00-17:45)=600 \text{ km/h}$$
第二步,根据未飞距离和地速计算剩余飞行时间:
$$240 \text{ km}/600 \text{ km/h}×60=24 \text{ min}$$
第三步,计算预达时刻:
$$\text{ETA}=18:00+0:24=18:24$$
即飞机预计到达机场 B 的时刻是 18:24。

3.3.3 推算飞机位置

推算飞机位置是指根据某一时刻的飞机位置及有关航行资料(如偏流、地速等),推算飞机未来的位置。通过一定计算得到的位置称为推算位置;而地标定位得到的位置则是实测位置。推算飞机位置的常用方法有利用航迹角和地速推算飞机位置、利用两个实测位置推算飞机位置以及无风航迹推算飞机位置。

1. 利用航迹角和地速推算飞机位置

离开某一地标后,如果知道航迹角和地速,就可以在地图上画出航迹,计算出已飞距离,推算飞机位置。这一地标称为推算起点,其位置一般都是实测位置,常选用机场、导航台、明显地标等。航迹角是航向与偏流之和,其中航向可以从罗盘上读出。这一推算方法的关键是偏流和地速。

【例 3-4】 在磁差为$+2°$的地区,飞机保持平均磁航向$260°$、真空速 210 km/h 飞行,于 11:35 到达 A 地上空,测出偏流$+5°$,地速为 180 km/h。求 12:00 飞机的推测位置。

解:第一步,计算磁航迹角:

$$MTK = MH_{平} + DA = 260° + 5° = 265°$$

第二步,修正磁差,计算得到真航迹角:

$$TTK = MTK + VAR = 265° + (+2°) = 267°$$

第三步,计算飞行距离:

$$飞行距离 = (12:00 - 11:35)/60 × 180 \text{ km/h} = 75 \text{ km}$$

第四步,图上作业:依次标出推算起点 A,画出真航迹线,量取飞行距离,以小方框标出推测位置,并注明时刻。需要注意的是,航图上的经纬线方向为真方向,作图时务必进行磁差修正。示意图如图 3-3 所示。

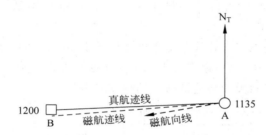

图 3-3　利用航迹角和地速推算飞机位置

2. 利用两个实测位置推算飞机位置

假设飞行中航向和空速不变或变化不大,可以利用航线上两个实测位置求出航迹、地速,推算飞机位置。使用这种方法时,地图上两个实测位置之间的连线及飞机前方向的延长线,即为飞机的航迹。

【例 3-5】 飞机保持预定航向、高度、真空速飞行,于 16:20 飞越 A 地上空,16:42 飞越 B 地上空,求 17:00 飞机的推测位置。

解:第一步,图上作业:如图 3-4 所示,在地图上标出两个实测位置(A 和 B),画出航迹线;量取 A 和 B 两地的距离 D,测量结果为 56 km。

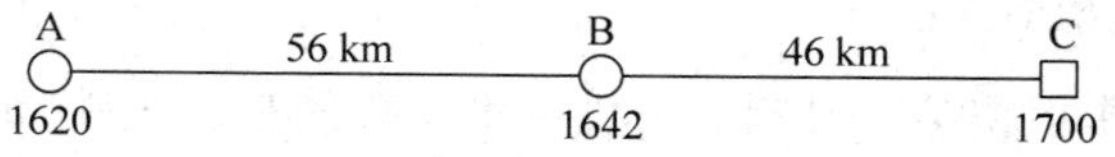

A ○────── 56 km ──────○ B ────── 46 km ──────□ C
1620　　　　　　　　　　　1642　　　　　　　　　　1700

图 3-4　利用两个实测位置推算飞机位置

第二步,计算飞行时间 T:

$$T = 16:42 - 16:20 = 22 \text{ min}$$

第三步,计算地速:

$$GS = D/T = 56 \text{ km}/(22 \text{ min}/60) = 153 \text{ km/h}$$

第四步,计算未飞时间和距离:

$$T' = 17{:}00 - 16{:}42 = 18 \text{ min}$$

$$D' = GS \times T' = 153 \text{ km/h} \times (18 \text{ min}/60) = 46 \text{ km}$$

第五步,图上作业:以 B 为推测起点,在航迹的延长线上量取 46 km,即可得到 17:00 飞机的推测位置,以小方框标出,并注明时刻。结果如图 3-4 所示。

3.无风航迹推算飞机位置

机动飞行时,飞机需要经常改变航向,如果改航次数过多,每一段直线飞行的时间太短,经常测量和计算就会增加飞行员的工作负荷。有时飞行时暂时不知道风向、风速,无法进行航迹角和地速的计算,这样无法用上述两种方法推算飞机位置。此时,往往采用无风航迹进行推算。

这种方法是利用风对飞机航行的影响进行推算的。具体做法是根据飞机的平均真航向、平均真空速和每段的飞行时间,在地图上画出飞机的无风位置;最后根据风向、风速,画出无风飞行时间内的风速向量线,求出飞机位置。这种方法的本质就是图解航行速度三角形。

【例 3-6】 飞机由新津飞往遂宁,已知风向 100°,风速 30km/h,临近苏码头时,发现前方有雷雨,决定向航线右边绕飞。请按无风航迹推算飞机位置。

解: 由图 3-5 所示,12:10 飞机通过苏码头上空开始绕飞,保持磁航向(MH)127°、真空速(TAS)180km/h 飞行。这时飞行员按真航向(TH)125°(新津地区磁差为−2°)在地图上从苏码头(即推算起点)画出第一段无风航迹。

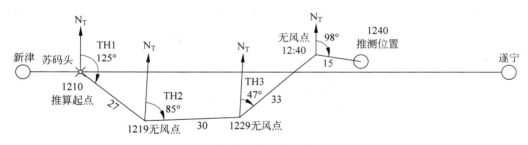

图 3-5　无风航迹推算飞机位置

12:19 飞机改航,保持磁航向 87°,真空速 180 km/h 飞行。这时飞行员立即计算出第一段无风距离为 27 km,推算出 12:19 飞机的无风位置。然后从该无风位置按真航向 85°在地图上画出第二段无风航迹。

12:29 飞机改航,保持磁航向 49°,真空速 180 km/h 飞行。这时立即计算出第二段无风距离为 30 km,推算出 12:29 无风位置。然后从该无风位置按真航向 47°在地图上画出第三段无风航迹。

判断飞机已绕过雷雨区,于 12:40 结束绕飞继续飞往遂宁。这时飞行员应立即计算出第三段无风距离为 33 km,推算出 12:40 无风位置(为最后一个无风位置)。然后根据风向 98°(真方向)从最后的无风位置画出风向线,再根据风速 30 km/h 和绕飞总时间 30 min,计算出绕飞过程中受风影响的漂移距离为 15 km,在风向线上从最后无风位置量出漂移距离 15 km,即推算出 12:40 飞机的推测位置,并标上"○",注明时刻。

3.4 目视离场入航

入航是指飞机起飞到第一个航路点的阶段,起飞、离场加入航线是领航的首要程序,具体方法通常在机场使用细则中明确规定。在没有规定的情况下,可根据机场区域的地形、障碍物、禁区及沿航线飞越高山的可能性及天气条件、起飞方向和航线去向的关系来决定。常用的目视离场入航方法有直接离场入航和通场离场入航。

3.4.1 直接离场入航

在净空条件好、无本场爬高规定、周围没有活动限制的机场,飞机起飞后取得管制员许可,可采用直接离场入航方法(图 3-6)。起飞后,飞机上升到该机型所规定的转弯高度时转至计划航线,修正偏流直接飞向第一航路点,并记下入航时刻和入航高度。入航时刻和入航高度需根据起飞方向和航线方向的夹角确定,分为三种情况:

(1) 当夹角小于 30°时,起飞时刻即为入航时刻,机场标高即为入航高度,如图 3-6(a)所示。

(2) 当夹角为 30°~90°时,起飞后开始转弯高度即为入航高度,开始转弯时刻即为入航时刻,如图 3-6(b)所示。

(3) 当夹角大于 90°时,起飞后在规定高度转弯飞向第一航路点,飞机正切机场中心的时刻和高度,即为入航时刻和入航高度,如图 3-6(c)所示。这种方法也称为切入航线入航。

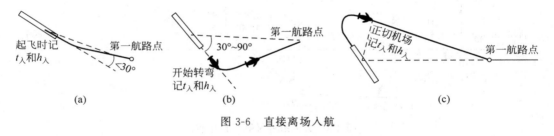

图 3-6 直接离场入航

3.4.2 通场离场入航

在净空条件差、需在本场爬高或周围有活动限制的机场,通常采用通场入航方法(图 3-7)。起飞后,根据所需高度建立目视爬升航线,飞机通过机场或规定入航点上空时,记下入航时刻和入航高度,并修正偏流飞向第一航路点。

图 3-7 通场离场入航

3.5 检查航迹

飞机入航后,受风的变化、推测误差、飞行员操纵技术等方面的影响,飞机的实际航迹会偏离预定航线,即偏航;飞机也可能提前或未按时到达预定点。因此,飞行中要及时检查飞机的航迹,一旦偏航,及时修正,使飞机沿预定航线飞行。航迹检查的内容主要包括方向检查和距离检查,同时进行方向和距离的检查称为全面检查。

3.5.1 方向检查

方向检查是用于判定飞机的航迹与预定航线是否重合的检查,可采用按线状地标和按航迹角两种方法进行。

1. 按线状地标检查方向

选取地面上与航线平行或近于平行的线状地标,估测航线与线状地标的距离和飞机与线状地标的距离,并进行判断。如果两个距离相等,说明飞机没有偏航;如果不等,则说明飞机发生偏航。

如图 3-8 所示,飞机偏离航线的距离,称为偏航距离。如果飞机在航线右侧,偏航距离为正;如果飞机在航线左侧,偏航距离为负。以航线为参考,航迹偏离航线的角度称为偏航角,用 TE 表示。航迹偏在航线的左侧,偏航角为负;航迹偏在航线的右侧,偏航角为正。

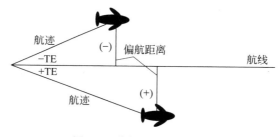

图 3-8　偏航距离与偏航角

例如,在图 3-9(a)中,铁路位于航线左侧 2 km 处,飞机在铁路右侧的 5 km 处,则飞机偏在预定航线的右侧,偏航距离为+3 km。

在图 3-9(b)中,河流位于航线左侧 2 km 处,飞机在河流左侧的 3 km 处,则飞机偏在预定航线的左侧,偏航距离为−5 km。

图 3-9　按线状地标检查方向

2. 按航迹角检查方向

根据平均航向和实测的偏流计算航迹角,并与航线角进行比较。如果航迹角等于航线角,说明飞机在航线上或平行于航线;如果航迹角大于航线角,说明飞机偏在航线的右侧;如果航迹角小于航线角,说明飞机偏在航线的左侧。

3.5.2　距离检查

距离检查是从距离上检查飞机已飞距离和离预定点的未飞距离,判断飞机能否按预达时刻准时到达的检查,也可采用按线状地标和按速度、时间两种方法进行。

1. 按线状地标检查距离

选取地面上垂直或近似垂直于航线的线状地标,估测已飞距离和未飞距离;再根据飞行时间,计算、检查地速和预达时刻。

【例 3-7】 如图 3-10 所示,飞机于 09:20 经过 A 地,飞往 B 地,于 09:50 到达海岸线上空,问预计飞机何时到达 B 地?

解:第一步,在地图上量取已飞距离(A 地-海岸线)和未飞距离(海岸线-B 地),结果为

$$D_已 = 120 \text{ km}$$

$$D_未 = 90 \text{ km}$$

第二步,计算已飞时间:

$$T_已 = 09:50 - 09:20 = 30 \text{ min}$$

第三步,计算地速:

$$\text{GS} = D_已 / T_已 = 120 \text{ km}/(30 \text{ min}/60) = 240 \text{ km/h}$$

第四步,计算 B 地的预达时刻:

$$T_未 = D_未 / \text{GS} = 90 \text{ km}/240 \text{ km/h} \times 60 = 23 \text{ min}$$

$$\text{ETA} = 09:50 + 0:23 = 10:13$$

结果为:预计飞机于 10:13 到达 B 地。

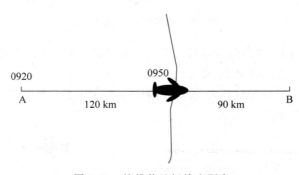

图 3-10　按线状地标检查距离

2. 按速度、时间检查距离

根据平均地速和飞行时间,计算已飞距离和未飞距离。也可用平均真空速替代地速进行计算。

3.5.3 全面检查

在复杂的条件下飞行,单独检查方向或距离是不够的,需要对两者同时进行检查。全面检查采用的方法有按地标全面检查和按航迹、地速全面检查。

1. 1：60 经验法则

在飞行中,复杂的计算会增加飞行员的工作负荷,因而需要使用一些经验法则帮助飞行员进行快速计算。1：60 经验法则是用于求解直角三角形中角与边的近似关系,使用方法如下:

(1) 如图 3-11(a)所示,在直角三角形中,如果短边为 1 km,长边为 60 km,那么短边所对角为 1°。

(2) 如图 3-11(b)所示,当短边所对角小于 15°时,可以推广:短边为 α,长边为 60,则短边所对角为 α(单位(°))。其中短边和长边的单位为距离单位,且两者一致。

(3) 直角三角形中短边所对角的度数等于短边比长边乘以 60。

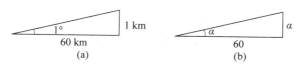

图 3-11 1：60 经验法则示意图

【例 3-8】 飞机由 A 地出发飞往 B 地,飞行 20 km 后,飞机偏在航线右侧 3 km,问飞机的偏航角是多少?

解:如图 3-12(a)所示,TE＝3 km/20 km×60＝9,偏航角为 9°。

【例 3-9】 飞机由 A 地出发飞往 B 地,飞行 30 km 后,发现飞机的偏航角为－2°,问飞机的偏航距离是多少?

解:如图 3-12(b)所示,由 TE＝偏航距离/30 km×60＝2,可得偏航距离为 1 km。

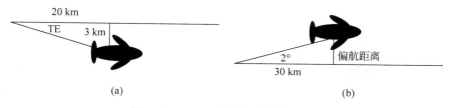

图 3-12 1：60 经验法则举例示意图

2. 按地标全面检查

用地图对照地面,确定飞机位置。根据飞机位置,检查方向和距离。

例如,如图 3-13 所示,在磁差为＋2°的地区飞行,飞机于 11:00 飞过 A 地,磁航线角为 080°,11:15 到达 B 地上空。根据地标确定飞机位置,在地图上量出偏航距离为＋7 km,已飞距离为 70 km。根据已飞距离和飞行时间,可以计算出地速为 280 km/h。根据已飞距离和偏航距离,可计算出偏航角为＋6°,磁航迹角为 086°,飞机偏右。注意,地图上的方向为真方向,故图 3-13 使用了真航线和真航迹线进行作图示意。

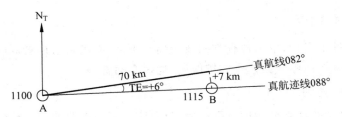

图 3-13　按地标全面检查举例示意图

3. 按航迹、地速全面检查

根据平均航向、平均偏流、平均地速和时间,计算航迹角和已飞距离,在地图上画出航迹线,量出距离,确定飞机位置。

【例 3-10】　在磁差为 +2° 的地区飞行,飞机于 11:00 飞过 A 地,由 A 地飞向 B 地的平均磁航向为 075°,测得的平均偏流为 +8°,平均地速为 160 km/h,求 11:15 飞机的位置。

解:第一步,计算磁航迹角:

$$MTK = MH + DA = 075° + 8° = 083°$$

第二步,修正磁差,计算得到真航迹角和真航向:

$$TTK = MTK + VAR = 083° + (+2°) = 085°$$

$$TH_平 = MH_平 + VAR = 075° + (+2°) = 077°$$

第三步,计算已飞时间 $T_已$ 和已飞距离 $D_已$:

$$T_已 = 11:15 - 11:00 = 15 \text{ min} = 0.25 \text{ h}$$

$$D_已 = GS × T_已 = 160 \text{ km/h} × 0.25 \text{ h} = 40 \text{ km}$$

第四步,图上作业:在地图上按真航迹角画出航迹线,并在所画的航迹线上量取 40 km,40 km 处的点即为飞机位置,如图 3-14 所示。

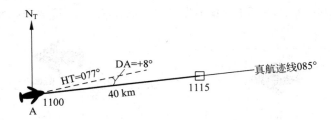

图 3-14　按航迹、地速全面检查举例示意图

3.6　修正航迹

检查航迹后,如果飞机发生偏航,就需要及时修正,使飞机回到预定航线上。修正航迹时,以航迹检查点为新航线的起点,检查点与下一个预定点的连线为新航线,求出检查时的应飞航向,即使飞机沿新航线飞行的航向。在求应飞航向时,一般可利用偏离角或航迹修正角进行计算,这样修正航迹的方法可分为按偏离角修正以及按航迹修正角修正。

1. 按偏离角修正航迹

如图 3-15 所示,偏离角是新航线与预定航线的夹角,用 CA 表示。飞机偏在原航线右侧,偏离角为正;飞机偏在原航线左侧,偏离角为负。

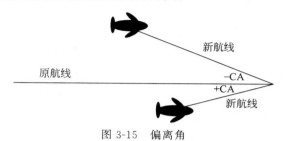

图 3-15　偏离角

按偏离角修正航迹的步骤如下:

(1) 确定飞机位置,判断偏航距离。

(2) 根据已飞距离和未飞距离,计算偏航角和偏离角。

(3) 根据偏航角计算出航迹角和偏流。

(4) 根据偏离角计算出新航线角。

(5) 在新航线角基础上修正实际偏流,求沿新航线飞行的应飞航向。

【例 3-11】 如图 3-16 所示,AB 两地相距 205 km。飞机从 A 地出发飞往 B 地,保持平均磁航向 122°和预定空速在指定高度层飞行。到达检查点 C 时,飞机从 C 点的右侧通过,偏航距离为 5 km。如果此时飞行员从偏航点直飞 B 地的话,求应飞航向。

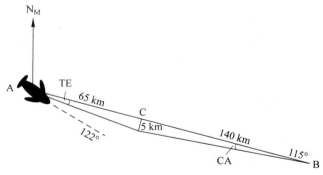

图 3-16　按偏离角修正航迹

解:第一步,求偏航距离,为 +5 km。

第二步,计算偏航角和偏离角:

已知 $D_{已}$=65 km,$D_{未}$=140 km,利用 1∶60 法则可得

$$TE=偏航距离/D_{已}×60=5\ km/65\ km×60=+5°$$

$$CA=偏航距离/D_{未}×60=5\ km/140\ km×60=+2°$$

第三步,计算航迹角和偏流:

已知 $MH_{平}$=122°,MC=115°,计算可得

$$MTK=MC+TE=115°+(+5°)=120°$$

$$DA=MTK-MH_{平}=120°-122°=-2°$$

第三步,计算新航线角:

已知 $MC_{原}=115°$,则

$$MC_{新}=MC_{原}-CA=115°-2°=113°$$

第四步,计算应飞航向:

根据前面已计算的 $MC_{新}$ 和 DA,可得

$$MH_{应}=MC_{新}-DA=113-(-2°)=115°$$

按偏离角修正航迹,只需知道飞机的准确位置和偏流,不需要考虑飞过的航迹和偏航的远近,因此,这种方法常用于偏航较远、风变化较大或飞过航迹不规则的飞行。

2. 按航迹修正角修正航迹

如图 3-17 所示,航迹修正角(ΔTK)是航迹延长线与新航线的夹角,在数值上,航迹修正角等于偏航角 TE 与偏离角 CA 之和。同时规定,当飞机偏在航线右侧时,航迹修正角为正;当飞机偏在航线左侧时,航迹修正角为负。

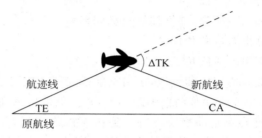

图 3-17 航迹修正角

按航迹修正角修正航迹的原理是:当航向改变不大(不超过 20°)时,偏流的变化很小,这样可以认为航向改变多少,航迹角就改变多少。当航迹需要改变 ΔTK,则可通过改变航向来实现。按航迹修正角修正方向就是在原来所保持的平均磁航向 $MH_{平}$ 的基础上修正航迹修正角 ΔTK,求出应飞航向。

按航迹修正角修正航迹的步骤如下:

(1)记录平均航向,飞行中要注意罗盘指示记录平均的航向。

(2)确定飞机位置,判断偏航距离,并将飞机位置标记在地图上,记下时刻。

(3)计算偏航角、偏离角以及航迹修正角。

(4)在原来平均磁航向的基础上修正一个航迹修正角,即可得出沿新航线飞行的应飞航向。

【例 3-12】 如图 3-18 所示,AB 两地相距 205 km。飞机从 A 地出发飞往 B 地,保持平均磁航向 122°和预定空速在指定高度层飞行。到达检查点 C 时,飞机从 C 点的右侧通过,偏航距离为 5 km。如果此时飞行员从偏航点直飞 B 地,求应飞航向。

解:第一步,记录平均磁航向:$MH_{平}=122°$。

第二步,确定飞机位置,判断偏航距离为 $+5$ km。

第三步,计算 TE、CA 和 ΔTK:

已知 $D_{已}=65$ km,$D_{未}=140$ km,利用 1:60 法则可得

$$TE=5 \text{ km}/65 \text{ km}\times60=+5°$$

$$CA=5 \text{ km}/140 \text{ km}\times60=+2°$$

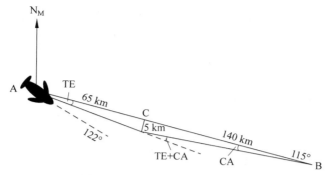

图 3-18　按航迹修正角修正航迹

则

$$\Delta TK = TE + CA = 7°$$

第四步,计算应飞航向:

已知 $MH_平 = 122°$,由于 ΔTK 为正,可知飞机偏右,应向左修正航向,这样航向减小,因此可计算出

$$MH_应 = MH_平 - \Delta TK = 122° - 7° = 115°$$

所以,飞机改航沿新航线直飞 B 地的应飞航向为 115°。

按航迹修正角修正航迹完全可以避开偏流,如果确定的位置、记录的平均航向准确,空中风又比较稳定,那么这种方法的修正效果较好。但它不适用于因不规则改变航向而不易记准平均航向、风的变化较大以及航迹修正角过大的情况。

3. 按实测偏流修正航迹

飞行中,如果偏流发生变化,航迹就会偏离航线。这种方法就是根据新的偏流,重新计算应飞航向,修正航迹,使航迹和航线平行。具体步骤如下:

(1) 计算新偏流与修正前偏流之差,即 $\Delta DA = DA_新 - DA_原$。

(2) 用修正偏流差的方法,计算新的应飞航向,即 $MH_新 = MH_原 - \Delta DA$。

【例 3-13】 修正航迹前测得偏流是 $+5°$,修正航迹后的应飞航向是 $068°$,测得的偏流是 $+7°$,求新的应飞航向。

解:第一步,计算偏流差 ΔDA:

$$\Delta DA = DA_新 - DA_原 = (+7°) - (+5°) = +2°$$

第二步,计算新的应飞航向 $MH_新$:

$$MH_新 = 068° - (+2°) = 066°$$

可见,按实测偏流修正航迹是一种方便、简单的方法,通过偏流的改变量可以快速计算出新的应飞航向。它常用于地标稀少、地标位置不准和风的变化较大的情况下。这种方法的不足在于修正后航迹与航线平行,因而不能消除偏航误差,使飞机回到预定航线上。

3.7　航线下降

航线飞行是指按飞行计划在固定或者非固定航线上的飞行。下降和进场着陆是航线飞行的最后阶段,其目的是修正航向直飞着陆机场的过程中,按一定的时间和下降率(rate of descend,RD),调整发动机功率,沿航线下降,直至到达着陆机场或按指定高度飞越导航台。

在下降过程中,由于高度层、真空速、风是在不断地变化,因此,平飞地速和下降过程中的平均地速一般不一致。为了取得较准确的预达时刻,应在平飞地速计算至目的地的时间上增减时间。

开始下降时刻应按如下程序进行:

(1)根据平飞高度和目的地(指定的过台或机场)高度,按下降率计算下降高度所需的时间,即

$$下降高度 = 平飞高度 - 指定的过台(或机场)高度$$

$$下降高度所需的时间 = \frac{下降高度}{下降率}$$

(2)计算下降时刻。如果已知目的地的预达时刻,可以根据预达时刻计算开始下降时刻,即

$$开始下降时刻 = 预达时刻 - 下降高度所需的时间$$

也可以根据其他条件进行计算。

【例3-14】 由A地飞往B地,巡航高度为9 000 ft,预计11:35到达B地,指定1 800 ft通过机场(机场标高1 200 ft),用400 fpm的下降率下降,问飞机何时下降高度?

解:第一步,计算下降高度H和下降高度所需的时间ΔT:

$$H = 9\ 000\ \text{ft} - (1\ 800\ \text{ft} + 1\ 200\ \text{ft}) = 6\ 000\ \text{ft}$$

$$\Delta T = 6\ 000\ \text{ft} / 400\ \text{fpm} = 15\ \text{min}$$

第二步,计算开始下降时刻T:

$$T = 11:35 - 0:15 = 11:20$$

计算结果:飞机预计于11:20开始下降高度

【例3-15】 如图3-19所示,10:32UTC,一架飞机在距离平均海平面8 000 ft的高度上巡航,地速为150 kn,距离目的地机场80 n mile。已知机场标高1 000 ft,下降率500 fpm,下降时的地速162 kn。为使飞机按时到达机场上空1 500 ft加入起落航线,预计飞机何时开始下降?

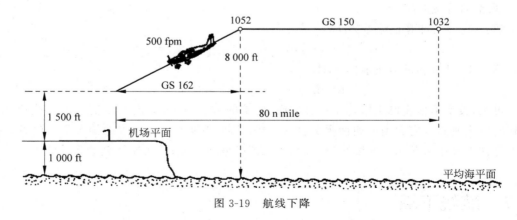

图3-19 航线下降

解:第一步,计算下降高度H和下降高度所需的时间ΔT:

$$H = 8\ 000\ \text{ft} - (1\ 500\ \text{ft} + 1\ 000\ \text{ft}) = 5\ 500\ \text{ft}$$

$$\Delta T = 5\,500 \text{ ft}/500 \text{ fpm} = 11 \text{ min}$$

第二步,计算开始下降时刻 T:

$$T = 10{:}32 + (80 \text{ n mile} - 162 \text{ kn} \times 11 \text{ min}/60)/150 \times 60 = 10{:}52$$

计算结果:飞机预计于 10:52 开始下降高度。

航线下降只有根据地标和导航设备确定飞机位置后,并取得空中交通管制员的同意,方可按规定下降高度。进入机场区域后,根据预达时刻,提前搜索和辨认机场,根据该机场使用细则规定和进场程序、进近程序进行进场着陆。

本章小结

地标罗盘领航是地标领航与罗盘领航相结合的一种领航方式。地标是地标领航的基础,分为点状地标、线状地标和面状地标,可用作定位点和位置线,进行飞机定位、地速检查以及偏流估算。对正地图、观察位置、地标定位是确定飞机位置的三个步骤。

为了弥补风的影响,飞行时需要计算应飞航向。飞行前或当飞行速度发生改变时,需要计算或重新推算到达下一个检查点或目的地的预达时刻。利用航迹角和地速、两个飞机实测位置、无风航迹等方法可以推算飞机位置。

目视离场入航的方法主要有直接离场入航和通场离场入航。航迹检查的内容主要有航行方向和飞行距离。方向检查可通过线状地标或航迹角进行。距离检查可按线状地标或速度和时间进行。全面检查则是方向检查和距离检查的综合。修正航迹的方法包括按偏离角修正航迹、按航迹修正角修正航迹和按实测偏流修正航迹。在脱离航线飞行前,根据航行要素计算开始下降时刻。

思考题

1. 什么是地标领航?什么是罗盘领航?
2. 什么是地标?地标可分为哪些种类?
3. 什么是定位点?什么是位置线?位置线的作用有哪些?
4. 如何利用地标确定飞机位置?
5. 什么是应飞航向?如何计算?
6. 什么是预达时刻?如何进行推算?
7. 推算飞机位置的方法有哪些?
8. 目视离场入航的方法有哪些?适用条件各是什么?
9. 航迹检查的内容和方法有哪些?
10. 什么是偏航角?如何定义偏航角的方向?什么是偏航距离?
11. 1:60 经验法则是什么?
12. 修正航迹的方法有哪些?修正步骤各是什么?
13. 什么是偏离角?如何定义偏离角的方向?
14. 什么是航迹修正角?

15. 按航迹修正角修正航迹的原理是什么？

16. 如何计算开始下降时刻？

课程思政阅读材料

卫星打卡红色地标　见证祖国发展历程

第4章

无线电领航

4.1 无线电基础理论

无线电领航是利用机载无线电导航设备接收和处理无线电波,获得导航参量,确定飞机位置及飞往预定点的航向和时间,从而引导飞机沿选定航线安全到达目的地的领航方法。相比地标罗盘领航,无线电领航精度较高,而且较少受到时间、天气、地物等的限制,是仪表、夜间和长距离飞行时很重要的一种领航方法。

1. 无线电领航系统的构成

无线电领航系统是由发射设备、接收设备、天线及其他相关设备构成,其工作原理可以概括如下:

(1)发射设备将无线电信号电参量中的一个或多个携带着导航信息,以电波的形式向外传播;

(2)接收设备接收和处理无线电信号,测出所需要的电参量,再根据电波传播特性,转换成相应的导航参量;

(3)根据得到的导航参量及发射台的地理位置,可以在地图上获得一条相对于该发射台的位置线(或位置面);利用两条直线确定一个点或三个面确定一个点的原理,可以得到飞机的具体位置;

(4)根据确定的飞机位置与预定航线的关系,可以确定出下一航段的应飞航向和速度。

2. 导航系统

(1)根据位置线划分导航系统

位置线是指导航系统测量的电信号的某一参量为定值时,该参量值所对应的接收点位置的轨迹。使用不同无线电导航设备,飞机位置线也不尽相同。目前主要有直线、圆弧和双曲线。根据不同的位置线,无线电导航系统可分为测角系统、测距系统、测角测距系统和测距差系统。图4-1是位置线与导航系统的示意图。

① 测角系统:测量飞机与地面无线电台之间的方位角,飞机位置线是一条无线电方位线(径向线)或航向道。常见的测角系统有无方向性信标(NDB)系统、甚高频全向信标

图 4-1　位置线与导航系统

(VOR)系统、仪表着陆系统(ILS)等。

② 测距系统：测量飞机与地面无线电台之间的斜距,飞机位置线是圆弧。常见的测距系统有测距机(DME)系统、塔康(TACAN)系统。

③ 测角测距系统：同时测量飞机的方位和距离,以极坐标的形式显示飞机瞬间位置,飞机位置线是直线和圆。常见的测角测距系统有 VOR/DME、伏塔克(VORTAC)导航系统等。

④ 测距差系统：测量飞机与两个或两个以上地面无线电台之间的距离差,也称为双曲线导航系统,飞机位置线为双曲线。常见的测距差系统有罗兰-C(LORAN-C)、奥米伽导航系统等。

(2) 根据有效作用距离划分导航系统

按有效作用距离,导航系统可分为近程导航系统(100～500 km)、远程导航系统(500～3 000 km)和超远程导航系统(>3 000 km)。

(3) 根据机载设备功能划分导航系统

按机载设备所实现的系统功能,导航系统可分为自主式导航系统和他备式导航系统。

① 自主式导航系统：机载设备不依赖飞机以外任何设备,能自主完成系统功能,常见的有惯性导航系统;

② 他备式导航系统：机载设备必须配合地面或空间导航设施,共同完成导航功能,如NDB、VOR 等。

4.2　无线电领航元素

1. 无线电方位线

无线电方位线(bearing),简称方位线,是指飞机与地面导航台之间的连线,如图 4-2 所示。如果地面台是 VOR 台,方位线又称为径向线。方位线随着飞机与导航台之间的关系位置的变化而变化。飞行中飞机的瞬时位置一定在当时测得的方位线上。每一条方位线都可以而且只能用一个电台方位角或飞机方位角来表示。

2. 电台相对方位角

电台相对方位角(relative bearing,RB)是指从航向线顺时针量到无线电方位线所经过的角度,如图 4-2 所示,范围为 0°～360°,它表示地面导航台相对于飞机纵轴的位置。

电台相对方位角随着飞机航向和位置的变化而变化:

(1) 如果飞机位置一定,航向增大,电台相对方位角减小;航向减小,电台相对方位角

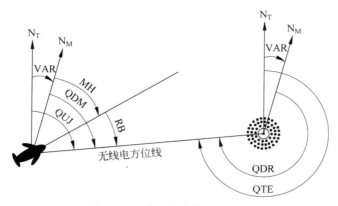

图 4-2　无线电方位线和方位角

增大。航向改变的度数即为电台相对方位角改变的度数。

（2）如果飞机保持一定的航向飞行,电台在左,电台相对方位角逐渐减小;电台在右,电台相对方位角逐渐增大,如图 4-3 所示。

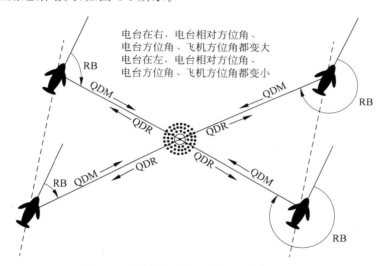

图 4-3　保持航向不变无线电方位角的变化

3. 电台方位角

电台方位角是指从飞机所在位置的经线北端顺时针量到无线电方位线所经过的角度,以真经线北端进行度量的电台方位角称为电台真方位角(QUJ);以磁经线北端进行度量的电台方位角称为电台磁方位角(QDM),如图 4-2 所示。电台方位角的范围为 $0° \sim 360°$,它表示电台相对于飞机的位置。

飞机在同一条无线电方位线上时,电台方位角一定,且不随飞机航向的变化而改变。但如果飞机保持一定的航向飞行,随着飞机位置的改变电台方位角也发生变化:电台在左,电台方位角逐渐减小;电台在右,电台方位角逐渐增大,如图 4-3 所示。

利用无线电领航设备引导飞机向导航台飞行(向台飞行)时,电台磁方位角表示飞机向台飞行的航线角,用 MB TO 表示。

4. 飞机方位角

飞机方位角是指从电台所在位置的经线北端顺时针量到无线电方位线所经过的角度,以真经线北端进行度量的飞机方位角称为飞机真方位角(QTE);以磁经线北端进行度量的飞机方位角称为飞机磁方位角(QDR),如图 4-2 所示。飞机方位角的范围为 $0°\sim360°$,它表示飞机相对于电台的位置。

飞机在同一条无线电方位线上时,飞机方位角一定,且不随飞机航向的变化而改变。但如果飞机保持一定的航向飞行,随着飞机位置的改变飞机方位角也发生变化:电台在左,飞机方位角逐渐减小;电台在右,飞机方位角逐渐增大,如图 4-3 所示。

利用无线电领航设备引导飞机背导航台飞行(背台飞行)时,飞机磁方位角表示飞机背台飞行的航线角,用 MB FROM 表示。

5. 无线电方位相关计算

如图 4-2 所示,飞机磁航向 MH、电台相对方位角 RB、电台磁方位角 QDM 和飞机磁方位角 QDR 之间的关系为:

$$QDM=MH+RB$$
$$QDR=QDM\pm180°$$

【例 4-1】 $MH=60°,RB=200°$,求 QDM 和 QDR。

解:$QDM=MH+RB=60°+200°=260°$
　　$QDR=QDM-180°=260°-180°=80°$

4.3　无线电领航的基本原理

4.3.1　进入预定方位线

预定方位线是指从选定的电台到飞机将要到达的预定地点的连线。判断飞机到达这一方位线的瞬间,就称为进入预定方位线。进入预定方位线的主要问题,是如何根据方位角来判断飞机到达预定方位线的瞬间。

保持一定航向,飞机在飞向预定方位线的过程中,方位角的变化是有规律的。当电台在飞机右侧时,电台方位角、飞机方位角、电台相对方位角逐渐增大;当电台在飞机左侧时,电台方位角、飞机方位角、电台相对方位角逐渐减小。利用这一变化情况,可以准确地判断出飞机到达预定方位线的瞬间。用 $QDM_指$ 和 $RB_指$ 分别表示某一时刻测得的电台磁方位和相对方位角,用 $QDM_预$ 和 $RB_预$ 分别表示飞机位于预定方位线时的电台磁方位和相对方位角。如图 4-4 所示,判断方法如下。

(1) 电台在右侧,飞机向台飞行,无线电方位逐渐增大(台右渐增):

　　$QDM_指 < QDM_预$ 或 $RB_指 < RB_预$,飞机未到方位线

　　$QDM_指 = QDM_预$ 或 $RB_指 = RB_预$,飞机进入方位线

　　$QDM_指 > QDM_预$ 或 $RB_指 > RB_预$,飞机已过方位线

(2) 电台在左侧,飞机向台飞行,无线电方位逐渐减小(台左渐减):

　　$QDM_指 > QDM_预$ 或 $RB_指 > RB_预$,飞机未到方位线

$$QDM_指 = QDM_预 \text{ 或 } RB_指 = RB_预，飞机进入方位线$$
$$QDM_指 < QDM_预 \text{ 或 } RB_指 < RB_预，飞机已过方位线$$

【例 4-2】 飞机保持磁航向 230°，沿磁航线角 220°飞行，预定方位线的电台磁方位为 130°，若某一时刻测得 QDM＝130°，问飞机是否已达预定方位？

解：因为 $QDM_预 ＝130°$，$QDM_指 ＝130°$，可知 $QDM_指 ＝QDM_预$，所以飞机位于预定方位线上。

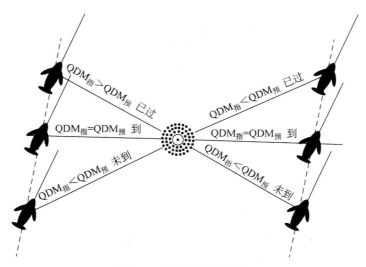

图 4-4 进入预定方位线

4.3.2 向台飞行

向台飞行是归航的常用方法，它是利用无线电领航设备引导飞机进入电台上空。向台飞行分为被动向台和主动向台两种。

1. 被动向台飞行

被动向台是指不修正偏流的向台飞行，在飞行中，机头始终对正电台，即始终保持电台相对方位角为 0°，或使每一瞬间的航向等于电台方位角，最后飞机将飞到电台上空，这种方法也称为不修正偏流向台飞行。

在没有侧风的情况下，被动向台飞行，飞机的航迹是一条直线。如果有侧风，飞机将向下风方向偏出，如图 4-5 所示。有侧风时，飞机的航迹是一条偏向下风方向的曲线，飞行时间也略有增加。

2. 主动向台飞行

主动向台是指在有侧风的情况下，迎风修正偏流作向台飞行，因而也称为修正偏流向台飞行。侧风飞行时，如果已知风或能测得偏流，则可将飞机纵轴保持在无线电方位线的逆风方向上，并使它和无线电方位线的夹角等于偏流。这样飞机将沿无线电方位线进入电台上空，如图 4-6 所示。飞机在某位置测定的电台磁方位就等于飞机从该位置直接飞向电台的航线角，这条无线电方位线称为向台航迹。

当偏流不准确，或向台飞行时偏流发生改变，利用上述方法，仍然会偏离航线。当修正

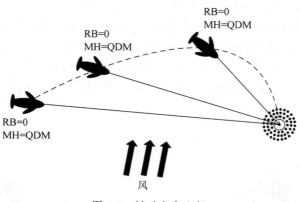

图 4-5　被动向台飞行

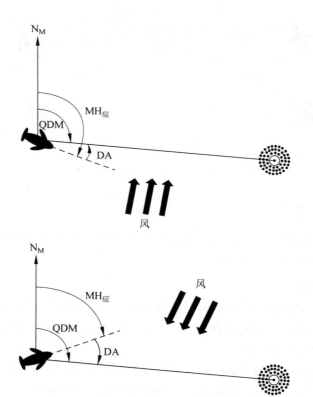

图 4-6　主动向台飞行

的偏流小于实际偏流时,航迹将向下风方向偏离;大于实际偏流时,则向上风方向偏离。因此,在主动向台飞行中,要经常测出偏流来修正航向。

3. 向台切入航线

向台飞行时,如果发现飞机偏离航线,也可采用进入预定方位线的原理,引导飞机切回航线,然后再沿航线飞行。具体实施方法如下。

(1)按电台方位角判断偏航。如图 4-7 所示,飞机作向台飞行,可以通过比较预定航线的电台方位角和航线角的大小,来判断飞机是否在预定航线上。

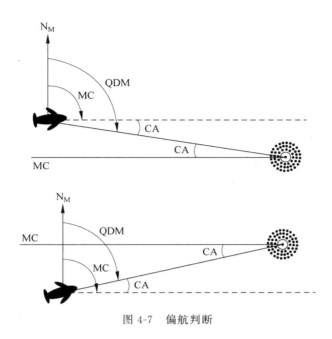

图 4-7　偏航判断

如果电台磁方位角等于磁航线角,即 QDM=MC,则飞机在航线上;

如果电台磁方位角大于磁航线角,即 QDM>MC,则飞机偏在航线左侧;

如果电台磁方位角小于磁航线角,即 QDM<MC,则飞机偏在航线右侧。

其中,QDM 与 MC 之差等于飞机的偏离角(CA),即 CA=MC−QDM。

【例 4-3】　飞机作向台飞行,磁航线角为 070°,测得电台磁方位角为 073°,问飞机是否偏离航线?若是,偏离角是多少?

解:第一步,比较电台磁方位角和磁航线角:

因为 MC=070°,QDM=073°,则 QDM>MC,飞机偏在航线左侧。

第二步,计算偏离角:

$$CA=MC−QDM=070°−073°=−3°$$

结果为:飞机偏在航线左侧,偏离角为−3°。

(2)切入航线。发现偏航后,向偏出的反方向修正航向,使飞机的航向线和航线成一定的交角(即切入角 α)飞行。这时的航向称为切入航向,用 $MH_切$ 表示。切入角的大小,根据具体情况而定,为了便于计算,一般选用整数。切入航向的计算如下:

$$切入航向=磁航线角±切入角$$

$$MH_切=MC±α$$

式中,右切时"+"切入角,左切时"−"切入角。

(3)判断切入航线瞬间。保持切入航向飞行,根据无线电相对方位角,判断飞机回到航线的瞬间。判断依据为:飞机左切时,RB=α;右切时,RB=360°−α。

(4)切回航线后,保持应飞航向沿航线飞行。有侧风时,还需修正偏流。

【例 4-4】　由 A 飞往 B,MC=105°,保持 MH=090°飞行一段时间后,测得 RB=020°。请判断飞机偏航情况。若飞机偏航,使用 30°切入角切回航线,求飞机的切入航向。

解:第一步,判断飞机偏航情况:

已知 MH=090°, RB=020°, 计算得出 QDM=MH+RB=090°+020°=110°>MC, CA=MC−QDM=105°−110°=−5°, 则飞机偏在预定航线左侧;

第二步, 向右切入航线, 则 $MH_{切}=105°+30°=135°$。

4.3.3 背台飞行

飞机通过电台后, 利用后方电台进行导航, 并保持一定的航向飞行, 称为背台飞行。作背台飞行时, 利用电台测定的航行元素来检查航迹和修正航迹, 使飞机沿预定航线飞行。

1. 计算偏流

如图 4-8 所示, 飞机通过电台后, 利用后方电台进行导航, 并保持一定的航向飞行, 飞机所在的无线电方位线就是飞机的平均航迹线, 也称为背台航迹, 此时测得的飞机磁方位角 QDR 等于平均磁航迹角 MTK。用平均磁航迹角减去平均磁航向 $MH_平$, 可以求出飞机此时的偏流 DA, 即

$$DA=MTK−MH_平=QDR−MH_平$$

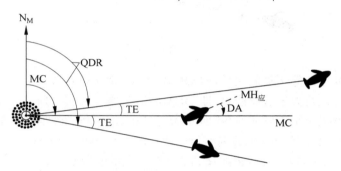

图 4-8 飞机准确过台后检查航迹

偏流也可以根据平均的电台相对方位角求出, 即

$$DA=RB−180°$$

2. 检查航迹

作背台飞行时, 通过比较 QDR 与预定航线的磁航线角 MC, 可以检查飞机航迹, 判断飞机是否偏航。如图 4-8 所示, 具体判断方法为:

(1) 当 QDR=MC 时, 飞机在航线上。

(2) 当 QDR<MC 时, 飞机偏在航线左侧。

(3) 当 QDR>MC 时, 飞机偏在航线右侧。

QDR 与 MC 之差等于偏航角 TE, 即 TE=QDR−MC。

3. 修正航迹与背台切入航线

背台飞行时, 当飞机偏离航线后, 可以利用后方电台切入航线, 具体步骤与向台切入航线基本相同。

(1) 判断偏航。

(2) 选定切入角, 计算切入航向, 向偏出的反方向改航。

(3) 保持切入航向飞行, 判断回到航线的瞬间。

(4) 飞机回到航线, 修正偏流, 沿航线飞行。

4.3.4　无线电定位

无线电定位的方法很多,根据位置线的形状,主要有 θ-θ 定位、ρ-ρ 定位和 ρ-θ 定位。其中,ρ 表示距离,θ 表示角度或方位。

(1) θ-θ 定位:通过测定飞机到两个导航台的角度或方位,获取两条方位线,这两条方位线的交点即为飞机的位置。目前,双 NDB 台、双 VOR 台、NDB/VOR 台等属于这一种定位方法。

(2) ρ-ρ 定位:通过测定飞机到两个导航台的距离,获取两个圆位置线,这两个圆的交点即为飞机的位置。但由于两个圆相交有两个交点,因此需要第三条位置线来确定飞机的位置。目前,双 DME 台、GPS 等属于这一种定位方法。

(3) ρ-θ 定位:通过测定飞机到一个导航台的角度或方位,到另一个导航台的距离,获取两条位置线,其交点即为飞机的位置。目前,NDB/DME、VOR/DME、ILS/DME 等属于这一种定位方法。

4.4　NDB-ADF 导航

4.4.1　NDB-ADF 导航设备简介

NDB-ADF 系统是一种他备式的测角系统,由地面无线电台 NDB 和机载设备 ADF 共同构成。

1. 地面 NDB 台

地面 NDB 台由中波发射机、发射天线及一些辅助设备组成,安装在每个航站和航线中,不断地向空间发射一个无方向性的无线电信号,因此又称为无方向性信标(NDB)台,简称 NDB 导航台。地面 NDB 台使用 190~1 750 kHz 的频率,我国为避开收音机频率,使用 200~500 kHz 的波段。

根据设置位置,地面 NDB 台可分为两类,即航路 NDB 台和航站 NDB 台。

(1) 航路 NDB 台:设置在航路转弯点或报告点的地面 NDB 台,主要用于飞机在航线上定向、定位使用,也可用于归航。其发射功率一般为 500 W,有效作用距离不少于 150 km。每个 NDB 台都有一组识别码,在我国,航路 NDB 台的识别码一般为两个英文字母的国际莫尔斯电码。

(2) 航站 NDB 台:设置在机场附近的地面 NDB 台,主要用于提供归航、进场和离场飞行引导及非紧密进近引导,一般又称为远、近台。远台一般兼作航路导航台使用,发射功率与航路 NDB 台相同,有效作用距离不少于 150 km;近台发射功率为 100 W 左右,有效作用距离 50 km。在我国,远台发射的识别码是两个英文字母的国际莫尔斯电码;近台识别用远台识别码的第一个字母,近台 NDB 又称为终端区 NDB。

飞行中,飞行员需要清楚地知道 NDB 台的频率、识别码、地理坐标、有效作用距离等信息。

2. 机载设备 ADF

自动定向仪(automatic direction finder,ADF)是 NDB 导航系统的机载设备,它包括自动定向接收机、控制盒（图 4-9）、方位指示器、环形天线和垂直天线或组合式环形/垂直天线。环形天线和垂直天线联合接收地面 NDB 台的无方向性信号，送入定向接收机进行处理，并将处理后的方位信息送至方位指示器显示，分离出来的地面 NDB 台的音频识别信号送至飞机音频系统，供飞行员识别导航台使用。

图 4-9　ADF 控制器

3. ADF 显示仪表

ADF 显示仪表用于清晰地向飞行员提供导航信息，常用的有三种：固定刻度盘的 ADF 指示器、人工调节刻度盘的 ADF 指示器以及无线电磁指示器，如图 4-10 所示。

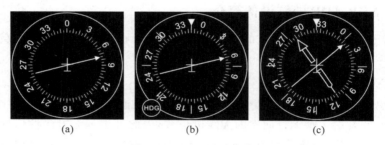

(a)　　　　　　　(b)　　　　　　　(c)

图 4-10　ADF 显示仪表

(a) 固定刻度盘的 ADF 指示器；(b) 人工调节刻度盘的 ADF 指示器；(c) 无线电磁指示器

(1) 固定刻度盘的 ADF 指示器：即 RBI(relative bearing indicator)，一般称为无线电罗盘（图 4-10(a)）。由于该 ADF 指示器的刻度盘固定，以飞机纵轴为基准，针尖所指的前方为地面 NDB 台。这样，从指示器顶部标线为 0°开始，顺时针转过的角度为飞机到地面 NDB 台的相对方位角，即 RB。图 4-10(a)中，RB＝075°。

(2) 人工调节刻度盘的 ADF 指示器：与 RBI 类似，区别在于该 ADF 指示器的刻度盘在人工调节的基础上可以转动（图 4-10(b)）。如图 4-10(b)所示，转动航向旋钮，航向标线（表示飞机纵轴方向）的指示不再为 0，而是经人工调节后的航向。这样，此时针尖指示的数值为电台磁方位 QDM，针尾指示的数值为飞机磁方位 QDR。图 4-11 中，MH＝345°，QDM＝060°，QDR＝240°。

需要注意的是，该 ADF 指示器是需要人工调节的，因而当航向改变时，未调节航向旋钮，针尖和针尾的指示是不准确的。

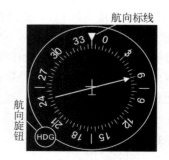

图 4-11　人工调节刻度盘的
ADF 指示器说明

（3）无线电磁指示器（radio magnetic indicator，RMI）（图 4-10(c)）：它的刻度盘随着航向的改变可以自动转动。RMI 可以看成是航向仪表和 RBI 的组合。RMI 针尖指示的数值为 QDM，针尾指示的数值为 QDR。

如图 4-12 所示，RMI 表盘上有两根指针，即细针和粗针，也称为单针和双针，分别指示不同的地面台。通过调节"选择按钮"，可以选择细针和粗针所接收的无线电信号源。图中，细针指示地面 NDB 台，粗针指示地面 VOR 台。当航向仪表系统出现故障、失灵时，RMI 表盘上会出现航向警告旗。图 4-12 中，MH＝186°，以细针为例，细针指示 NDB 台，QDM＝240°，QDR＝060°。

另外，也可将方位信息送至电子飞行仪表系统，并在电子水平状态指示器上显示出来，如图 4-13 所示。

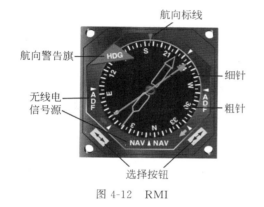

图 4-12　RMI

图 4-13　电子飞行仪表

4. 误差的来源

无线电波在大气中传播时，会受到飞机本身、大气层中介质、气象条件、地表特征等方面的影响，使导航系统产生误差。

（1）静电干扰：大气放电时，会辐射多种频率的电波，其中影响最大的是中波和长波，这样 ADF 接收机会接收大气中产生的这些杂波，使定向的指示器指针摆动或缓慢旋转，难以辨别准确的方位。克服静电干扰的方法有：仔细辨听信号，在干扰杂音最小、指针指示稳定的瞬间读取方位；选择距离近、功率大的导航台。

（2）象限误差：当地面电台辐射的无线电波碰到飞机机身等金属物体上时，将在金属物体上产生交变的感应电流，该电流又在机身等金属物体周围产生辐射电波，这种现象称为二次辐射。二次辐射电波与原信号电波叠加后，合成电波作用到环形天线的方向与原电波传播方向相差一个角度，从而改变了定向方向，造成定向误差，该误差称为象限误差。

象限误差同飞机（主要机体）的形状和来波的方向有关，即象限误差将随来波的方向而变化。通过对象限误差的分析可以找出象限误差的规律，就可以用机械传输装置或电感的方法来补偿，补偿的原理是使指示器指针比环状天线多转或少转一个相当于象限误差的角度。现代飞机通常采用电感式象限误差修正器来解决。

（3）夜间效应（极化误差）：自动定向机工作在中波波段，电离层对电波的吸收白天比夜间强，并且夜间电离层变化较大，工作在中波的自动定向机在夜间受的影响较大，这种误差称为夜间效应。夜间效应通常出现在日落后两小时和日出前两小时的一段时间内，这时电离层的变化最大。减小夜间效应的根本办法是避免接收天波。由于波长越长，电离层反射越弱，所以应尽量选择频率低、距离较近的导航台，增加飞行高度，并在测定方位时读取平均值。

（4）山区效应：电波在传播过程中，遇到山峰、丘陵和大建筑物时会发生绕射和反射。因此在山区等低空飞行时，自动定向机指示器的方位指针有可能出现偏离正确位置或摆动，这种现象称为山区效应。山区效应只存在于靠近山地 30～40 km 范围内，并且山区效应的大小主要取决于飞行高度和离山地的距离：飞行高度越低，离山地距离越近，山区效应越大。因此，在多山地区飞行时，为了避免和减小山区效应的影响，应尽可能利用熟悉的地形进行目视飞行，或在干扰范围之外测定方位，并适当提高飞行高度，以及选择合适的地面导航台。

（5）海岸效应：电波从陆地进入海面，或从海面进入陆地，由于电波传播的导电系数发生改变，从而使定向机接收的偏转电波来向与原来电波方向不一致，方位指针指示的方位产生误差，这种现象称为海岸效应。海岸效应只在飞机接近海岸线的地面或海面时发生，随着飞行高度的升高，误差逐渐减小，当飞行高度在 3 000 m 以上时，海岸效应可以忽略不计。为了避免或减小海岸效应的影响，应当尽量不要在靠近海岸低高度测方位，如果必须测方位时，应当选择电波传播方向与海岸线的夹角接近垂直的电台，并适当上升飞行高度。

4.4.2 NDB-ADF 导航方法

1. 确定位置线

由于飞机磁方位角（QDR）在数值上等于飞机所在无线电方位线（即位置线）的度数，因而在无线电领航中使用 QDR 来确定飞机所在位置线。以下介绍使用 RBI 和 RMI 确定飞机所在位置线的方法。

（1）RBI

RBI 测得的位置是 NDB 台相对于飞机纵轴的位置，即相对方位角 RB。通过简单的换算，可以得到 QDR。利用 QDR，可以在航图上确定飞机的位置。

如图 4-14 所示，RBI 指示 RB＝340°。如果 MH＝015°，那么，QDM＝340°＋015°＝355°，QDR＝175°。

（2）RMI

相比 RBI，使用 RMI 可以更方便地得到 QDM 或 QDR。其方法是直接读取 RMI 上针尖和针尾所指的数值。此时，针尖读

图 4-14　RBI 举例

数为 QDM，针尾读数为 QDR。若考虑飞机所在位置的磁差，可以得到 QUJ 或 QTE。

如图 4-15 所示，粗针指示"ADF"，即粗针指向 NDB 台，则 QDM＝290°，QDR＝110°。

2. 被动向台飞行

被动向台飞行时，ADF 指针始终指向电台。在无风的条件下，飞机将沿航线向台飞行。到达电台上空时，指针摆动。过台后，指针指向仪表底部。

为了使飞机纵轴对正电台，必须根据 RBI 指示器的指示，随时向逆风方向转动飞机，修正航向。当指针偏在 RBI 零刻度的右侧时，应向右修正；偏左时，应向左修正，使指针所指

的电台相对方位角始终为零,最后飞机将从接近逆风方向进入电台上空。

在实际飞行中,一般不使用被动向台,因为这种方法不是最有效的归航方法。在顺侧风的条件下,当飞机到达 NDB 台上空时,飞机机头将指向飞机的来向。除非飞机返航,否则这种情况是不应出现的。

3. 主动向台飞行

在有侧风的条件下,被动向台不是最有效的向台飞行方法,因而飞行员常使用修正偏流沿航线向台飞行的方法,即保持 QDM 不变,这种方法称为主动向台飞行(修正偏流向台飞行),如图 4-16 所示。这样,RBI 指针不再指向零刻度线,而是指向一个常数。此时,针尖与仪表顶部(零刻度线)的差值等于偏流角的度数。例如,飞机向台飞行时,测得偏流为 10° right,此时迎风修正偏流,RBI 指针指向仪表顶部(零刻度线)右侧 10°的位置,即所指刻度值为 010°。利用 RMI 主动向台飞行时,情况类似,只是仪表顶部不再是零刻度线,而是航向标线。这样,偏流角的度数等于针尖与航向标线的差值。

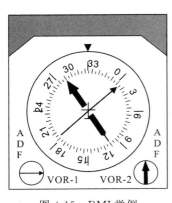

图 4-15 RMI 举例

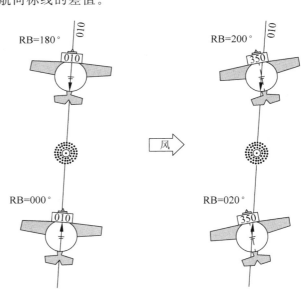

图 4-16 主动向台飞行

(a) 无风或无侧风;(b) 有侧风

4. 切入航线

为了沿指定的向台或背台航线飞行,首先需要了解飞机当前位置及其与指定航线的位置关系;其次确定飞向指定航线的切入航向。到达指定航线前,提前转弯,将航向调整至沿指定航线飞行的航向。开始转弯的时机根据不同飞机的飞行速度和转弯半径而有所差异。如果转弯太早,飞机将在到达指定航线前转至所需航向;如果转弯太晚,飞机未能转至所需航向前已过指定航线。

(1) 向台切入航线

如图 4-17(a)所示,如果飞机保持当前航向 090°切入指定的向台航线 035°,则切入角为 55°。由于 QDM$_{指}$=035°,当飞机位于指定航线上,RBI 指示 305°(图 4-17(b))。当指针接

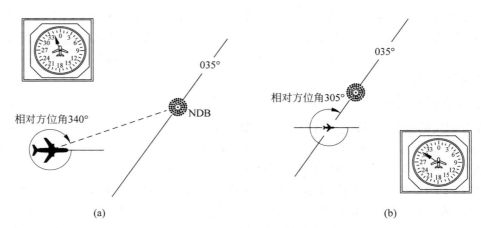

图 4-17　利用 RBI 向台切入航线

近 $RB_{指}=305°$ 时，飞机应开始转弯。

（2）背台切入航线

背台切入指定航线的步骤与向台飞行一样。首先，确定飞机的位置。图 4-18 所示的飞机相对方位角 $RB=100°$，若飞机的航向 $MH=125°$，那么，$QDM=225°$，$QDR=045°$，飞机位于 NDB 台的东北方。如图 4-19 所示，飞机从当前位置以 40°的切入角背台飞行并切入 050°方位线。当 $RB=140°$ 时，飞机正好位于指定航线上。实际飞行时，在 RB 从 100°变化到 140°的过程中，当指针转动到 135°时，飞机开始转弯，逐渐调整航向切入指定航线。当 $MH=050°$，$RB=180°$ 时，飞机正好位于指定航线上。在无风条件下，保持 $MH=050°$，即可沿航线飞行。在有侧风条件下，需要迎风修正偏流，才能沿航线飞行。

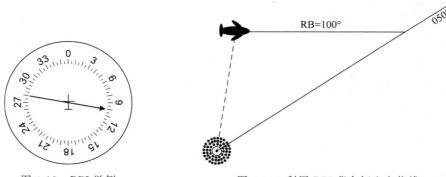

图 4-18　RBI 举例　　　　　　　图 4-19　利用 RBI 背台切入方位线

又如，在无风条件下，设 $MH=340°$，$RB=080°$，$QDM_{预}=090°$。为了切入指定航线，首先确定飞机相对指定航线的位置；其次确定适当的切入角。

从当前位置保持 $MH=340°$ 继续飞行，飞机将切入 $QDM_{预}=090°$ 航线。但是这种切入方法不太合理，因为当飞机到达指定航线时，需要右转航向 110°。有效的切入方法是以航向 360°、切入角 90°，或者航向 030°、切入角 60°飞行。

由于飞机位于 240°方位线上，如果以磁航向 060°飞行，飞机将飞至 NDB 台上方，而不再切入指定航线 $QDM_{预}=090°$。

将切入角与仪表指示结合起来,可以得到:在无风条件下,向台切入指定航线时,一旦选定正确的切入航向,当航向和指定航线的夹角,即切入角,等于 RBI 上零刻度线与针尖的夹角时,飞机位于指定航线上。背台切入指定航线时,当切入角等于 RBI 上零刻度线与针尾的夹角时,飞机位于指定航线上。

运用这种方法,以给定航向切入指定航线时,需要知道切入角。例如,以 MH=220°切入 QDM=180°,那么切入角为 40°。当针尖位于 RBI 上零刻度线的左侧 40°时,飞机正位于指定航线上。

又如,飞机当前信息为 MH=265°,RB=005°,拟从当前位置以 60°切入角切入 QDM=240°方位线。

首先,需要确定飞机的位置。

(1) 求 QDR。QDR=MH+RB−180°=265°+005°−180°=090°,飞机位于 NDB 台的东方。

(2) 确定飞机应左转还是右转。由于指定方位线在飞机的右侧,因此应右转。

其次,确定切入航向。根据前文所述的计算方法,以 60°切入角向台切入 QDM=240°方位线,那么,$MH_{切}=QDM_{预}+$切入角$=240°+60°=300°$,即航向右转至 300°。

接着,从当前位置保持 MH=300°飞行,观察 RBI 指针。因为切入角为 60°,所以当 RBI 指针指在零刻度线左侧 60°时,飞机位于指定方位线上。为避免飞过指定方位线,应提前转弯。飞行中利用航向仪表可以进行简单计算,求出 QDM。相比之下,利用 RMI 飞行,不需要进行计算,从表上直接读取,即针尖指示 QDM,针尾指示 QDR。当针尖指示的度数等于 $QDM_{预}$(或针尾指示度数等于 $QDR_{预}$)时,飞行位于指定方位线上。

5. 正切电台

航线与飞机到电台的连线垂直的瞬间定义为正切电台时刻。如图 4-20 所示,利用 RBI 进行飞行,在无风或无侧风的情况下,航向等于航迹。正切右侧电台时,RB 为 90°;正切左侧电台时,RB 为 270°。

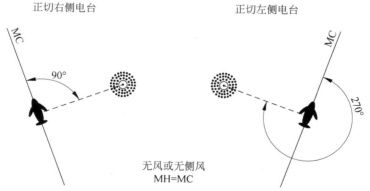

图 4-20 无风或无侧风时利用 RBI 正切 NDB 台

如图 4-21 所示,在有侧风的情况下,航向不再等于航迹,需要考虑偏流的影响。此时正切电台有四种情形:

(1) 左侧风,飞机正切右侧电台时,RB=90°+DA(图 4-21(a))。

(2) 右侧风,飞机正切右侧电台时,RB=90°−DA(图 4-21(b))。

（3）左侧风，飞机正切左侧电台时，RB＝270°＋DA（图 4-21(c)）。

（4）右侧风，飞机正切左侧电台时，RB＝270°－DA（图 4-21(d)）。

例如，飞机修正右偏流 12°沿航线飞行，当正切其左侧 NDB 台时，相对方位角应为 282°。

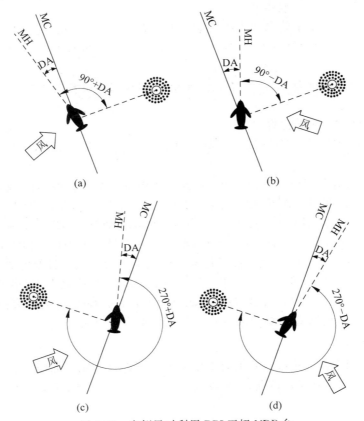

图 4-21   有侧风时利用 RBI 正切 NDB 台

（a）左侧风，右侧电台；（b）右侧风，右侧电台；（c）左侧风，左侧电台；（d）右侧风，左侧电台

6. 判断过台时机

向台飞行时，还应正确判断过台时机，常用的方法有三种：

（1）根据电台相对方位角的变化进行判断

利用 RBI 或 RMI 判断过台时机时，可以根据电台相对方位角的变化进行判断。以无风条件为例，飞机从电台正上空通过前，RB 始终为 0°；通过后，RB 始终为 180°。这样，当仪表上指针刚开始出现摆动，然后迅速由 0°转向 180°时，表明飞机正从电台上空通过。如果飞机从电台左侧通过，RB 度数为 090°；从右侧通过，RB 度数为 270°。据此可以判断飞机从电台正侧方通过。

（2）利用电台上空的无声锥区进行判断

地面 NDB 台正上空有个无声锥区，其中无线电波极其微弱，不能使 ADF 正常工作。当飞机进入无声锥区时，将不能收听到地面 NDB 台的信号，同时方位指针将停滞或发生不规则摆动，此时即为过台点。

（3）利用其他辅助方法进行判断

为了保证过台的准确性，在电台位置旁边还安装指点标台，飞机上则装有信标接收机。

当飞机通过电台上空时,信标接收机会发出信号,即灯亮、铃响,提醒飞行员飞机正在过台,根据信号,即可判定飞机过台的时刻。

4.5　VOR 导航

4.5.1　VOR 导航设备简介

VOR 系统也是一种他备式的测角系统,由地面设备和机载设备两部分组成。

1. 地面 VOR 台

VOR 系统的地面设备是甚高频全向信标台,简称 VOR 台,工作频率为 108～118 MHz。地面 VOR 台使用的识别码为三个英文字母的国际莫尔斯电码。

根据不同的用途,VOR 台可分为航路 VOR 台和终端 VOR 台。

(1) 航路 VOR 台:用于航路导航的 VOR 台,通常选在无障碍物的地点,如山顶,也称为 A 类 VOR 台,使用 112.00～118.00 MHz 每隔 50 kHz 的共计 120 波道,发射功率为 200 W,工作距离为 200 n mile。

(2) 终端 VOR 台:用于引导飞机进场及进近着陆的 VOR 台,也称为 B 类 VOR 台,使用 108.00～112.00 MHz 十分位为偶数的频率,共计 40 个波道,发射功率为 50 W,工作距离为 25 n mile。

2. 机载设备

VOR 系统的机载设备包括控制盒、天线、甚高频(VHF)接收机和指示器,其工作原理是机载天线接收地面 VOR 台的无线电信号后,送入甚高频接收机进行处理,将处理后的方位信息送至方位指示器显示,并与预选的航路(或航道)比较,得到航道偏差信号去驱动航道偏离杆,指示出航道偏离情况,同时分离出地面 VOR 台的音频识别信号送至音频系统进行监听,如图 4-22 所示。

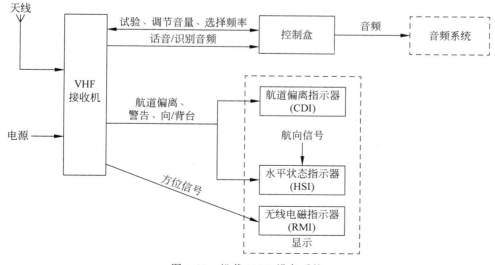

图 4-22　机载 VOR 设备系统

实际使用中,VOR 系统的工作范围取决于接收机灵敏度、地面台发射功率、飞机高度以及 VOR 台周围的地形。

3. VOR 显示仪表

VOR 常用的显示仪表主要有三种:无线电磁指示器、航道偏离指示器和水平状态指示器。

(1) 无线电磁指示器(RMI):使用方法与作为 ADF 显示仪表的使用方法一样,但需要用"选择按钮"来调节无线电信号源至 VOR。

(2) 航道偏离指示器(course deviation indicator,CDI)(图 4-23):用来指示飞机与 VOR 预选航道的关系。如果航道偏离杆偏在表盘中心右侧,表示飞机偏在预选航道的左侧;如果航道偏离杆偏在表盘中心左侧,表示飞机偏在预选航道的右侧。

预选航道由全方位选择(omni-bearing selection,OBS)旋钮调定。飞机偏离预选航道的角度可以通过读取表盘上偏离刻度盘中心的点数得到。如果表盘中心一侧有五点,则每点表示 2°,满偏为 10°;如果表盘中心一侧有两点,则每点表示 5°,满偏为 10°。如图 4-23 所示,飞机偏在预选航道右侧,偏离角度为 3°。

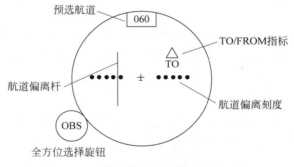

图 4-23　CDI 说明

图 4-23 中,TO/FROM 指标称为向/背台指标,它用来说明飞机沿预选航道方向飞行,飞机是离 VOR 台越来越近还是越来越远。如果离台越来越近,显示向台指标,即"TO";如果离台越来越远,显示背台指标,即"FROM"。

如图 4-24 所示,飞机位于 090°径向线上,当预选航道设为 090 时,飞机沿 090°径向线方向飞行,飞机将离台越来越远,则显示"FROM";当预选航道设为 270 时,飞机沿 270°径向线方向飞行,飞机将离台越来越近,则显示"TO"。

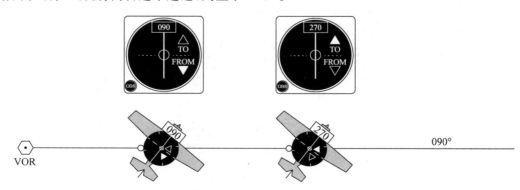

图 4-24　向/背台指标示意图

需要注意的是,向/背台指标只与预选航道和飞机所在径向线有关,与飞机的航向无关。

(3)水平状态指示器(horizontal situation indicator,HSI),是综合的领航仪表之一,实际上是航向仪表、CDI 和仪表着陆系统显示仪表的组成,如图 4-25 所示。HSI 中,VOR 系统部分与前述的 CDI 使用一样。另外,HSI 还可用于仪表着陆系统的显示。HSI 表面信息具体如下:

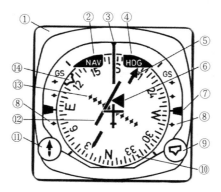

图 4-25 水平状态显示器(HSI)

① HSI:HSI 显示器。

② 故障旗:当无线电信号太弱或没有信号时,将出现故障旗。

③ 航向信标:指示磁航向。HSI 显示的磁航向随实际航向的改变而变化。

④ HDG:航向警告旗。当航向显示失效时,将出旗。

⑤ 预选航道指针:用于指示预选航道或航向道的度数。

⑥ TO/FROM 指标:向/背台指标。

⑦ 下滑道偏离指针:用于指示飞机相对于仪表着陆系统下滑道的位置关系。

⑧ 下滑道偏离刻度:一般上、下各两点,满偏为 0.7°。

⑨ 航向选择旋钮:自动驾驶时,用于选择航向。

⑩ 刻度盘。

⑪ 预选航道选择旋钮:用于选择预选航道。

⑫ 航道偏离杆:用于指示飞机相对于预选航道的位置关系。

⑬ 航道偏离刻度:用于指示飞机偏离预选航道的度数。

⑭ 航向游标:用于指示由航向选择旋钮选定的航向。

4. 误差的来源

VOR 系统存在一定的误差,主要受到垂直方向性图效应、场地、地形、极化、设备本身等因素的影响。

(1)垂直方向性图效应

由于地面反射波和直达波的相互干涉,垂直面的方向性图分裂成多瓣状,导致在某些仰角范围内,VOR 信号强度很弱。为了使 VOR 有足够的作用距离,往往把 VOR 天线架高一些,但是天线架得越高,波瓣分裂现象也越严重,即造成垂直方向性图效应。为了减小这种效应所造成的误差,一般在天线下面一点附加一个圆的金属反射网。

(2)场地和地形误差

场地误差是指受 VOR 台周围的地形、地物的影响所产生的误差。地形误差是指远离

VOR 台的地形特点(如山丘、森林等)引起的误差。由于地形、地物的影响,无线电波的实际传播路径发生变化,导致测定方位时 VOR 台的位置好像发生了移动。

(3)极化误差

极化误差主要是接收垂直极化波引起的,当飞机姿态或 VOR 天线倾斜时,就会产生这种极化误差,飞机相对 VOR 的仰角越大,即飞行高度越高,极化误差越大。

(4)设备本身的误差

设备本身的误差主要由地面台的天线间隔误差和接收指示设备误差组成。

地面台的天线间隔误差主要是由于 VOR 天线系统中形成"8"字形的一对天线之间的间隔,与其波长相差不大,而是"8"字形失真引起的,它会使天线系统方向性图的旋转不稳定。

接收指示设备误差主要来源于接收机和全方位选择器(OBS)的影响。

由于上述误差的存在,特别是传播误差的影响,普通 VOR 的精度一般在 $\pm2°\sim\pm4°$ 范围内,多普勒 VOR 的精度一般在 $\pm1°$ 以内。

4.5.2　VOR 导航

1. 确定飞机或电台的位置

(1)利用 CDI 确定飞机或电台的位置

首先调谐所需测定的地面 VOR 台频率,并听清莫尔斯电码,然后转动 OBS 旋钮直至航道偏离杆处于表盘中心位置。这时预选航道的度数即是所需测量的 VOR 台的方位。如果向/背台指标指"FROM",所读出的方位是 VOR 径向方位 QDR,即当时飞机所在 VOR 台的径向线的数值;如果向/背台指标指"TO",所读出的方位是电台磁方位 QDM。

(2)利用 HSI 确定飞机或电台的位置

首先调谐好所需测的地面 VOR 台的频率,并听清莫尔斯电码,然后转动预选航道旋钮,预选航道指针转动,当航道偏离杆回到仪表中央时,预选航道度数即为所测方位角。如果向/背指示器指"FROM",为飞机磁方位,即 VOR 径向方位;如果向/背指示器指"TO",为电台磁方位。

下面介绍 CDI 的使用。

图 4-26 所示为 CDI 的工作原理,图中给出飞机位于三个位置的情况。

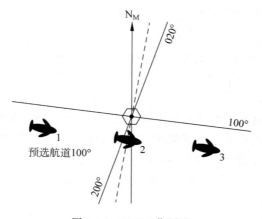

图 4-26　CDI 工作原理

（1）位置 1

如图 4-27 所示，飞机作向台飞行，且必须向左飞行，才能回到航线上。当航道偏离杆居中时，飞机可以直接飞向电台。航线飞行中，飞机必须尽快回到航线上。

图 4-27 中显示"TO"，意味着向台飞行。如果此时航道偏离杆居中，那么仪表底部箭头或指针所指的刻度值即为当前飞机所在径向线的值，即飞机位于 $280°$ 径向线上。由于飞机向台飞行，故此时预选航道读数为电台磁方位 QDM 的值，即 QDM＝$100°$。

然而，此时图 4-27 显示航道偏离杆位于仪表左侧 3.5 个点的位置，即飞机偏在预选航道右侧 $7°$ 的位置。

由于航道偏离杆给出偏航的角度信息，因此很容易据此确定飞机所在的径向线。显示为"TO"，可以通过以下方法进行计算：

①飞机位于预选航道左侧（杆偏右），在预选航道＋180（仪表底部箭头或指针所指的刻度）的数值上加上偏离的角度。

②飞机位于预选航道右侧（杆偏左），在预选航道＋180（仪表底部箭头或指针所指的刻度）的数值上减去偏离的角度。

因此，图 4-27 显示飞机位于 $280°-7°=273°$ 的径向线上。

（2）位置 2

飞机位于"模糊"的区域，即与预选航道垂直的方位线左右两侧各 $10°$ 的范围内。在这个区域中，仪表显示不正确，向/背台指标不显示。

（3）位置 3

如图 4-28 所示，飞机作背台飞行，且必须向左飞行，才能回到航线上。如果此时航道偏离杆居中，预选航道的读数即为当前飞机所在径向线的值，也为飞机磁方位的值，即 QDR＝$100°$，表明飞机位于 $100°$ 的径向线上。

然而，此时图 4-28 显示航道偏离杆位于仪表左侧 3.5 个点的位置，即飞机偏在预选航道右侧 $7°$ 的位置。

当仪表显示"FROM"时，可以通过以下方法计算飞机所在的径向线：

①飞机位于预选航道左侧（杆偏右），在预选航道的数值上减去偏离的角度。

②飞机位于预选航道右侧（杆偏左），在预选航道的数值上加上偏离的角度。

因此，图 4-28 显示飞机位于 $100°+7°=107°$ 的径向线上。

图 4-27　图 4-26 中位置 1 处 CDI 显示　　　图 4-28　图 4-26 中位置 3 处 CDI 显示

2．进入预定方位线

以 CDI 为例，如图 4-29 所示，飞机保持 MH＝$030°$ 沿预定航线 MC＝$035°$ 飞行。假设预定方位线为 QDM＝090°或 QDR＝270°，那么调节 OBS 旋钮，将预选航道设为 270°，这时需要通过观察航道偏离杆的移动情况来判断飞机是否进入预定方位线。当飞机飞到 260°径向线之前，航道偏离杆始终满偏；当飞机位于 260°径向线时，航道偏离杆开始向表盘中心移动；当航道偏离杆回中，表明飞机正好位于 270°径向线上，这一瞬间即为飞机进入预定方位线的瞬间。利用 HSI 判断的方法类似。综上，利用 CDI 进入预定方位线的关键是将预定方位线的值设为预选航道。判断进入预定方位线的瞬间是航道偏离杆回中。

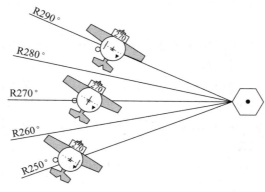

图 4-29　利用 CDI 进入预定方位线

3. 向/背台飞行

（1）向台飞行

利用 CDI 或 HSI 进行向台飞行，首先选择 VOR 台的频率，并听清莫尔斯电码，确认调台正确。同时，在信号故障旗的仪表上，确认没有"出旗"。在此基础上，转动 OBS 旋钮，选择预选航道。作向台飞行时，一般将向台航迹设为预选航道。此时，向/背台指标显示"TO"。然后，根据航道偏离杆的位置来判断飞机偏航的情况，即如果航道偏离杆偏在表盘中心右侧，表示飞机偏在航线的左侧；如果航道偏离杆偏在表盘中心左侧，表示飞机偏在航线的右侧。飞机偏离航线的角度可以从偏离刻度处直接读出。

利用 CDI 或 HSI 判断飞机偏航，可以很直观地判断出飞机偏航的方向和角度，但随着飞行距离的不同，同样的偏离角所对应的偏航距离也不相同，飞行中可以采用如下的经验法则进行估算：每海里每点偏航距离约为 210 ft 或 65 m，即当飞机距离电台 1 n mile，如果 CDI 或 HSI 指示飞机偏航 1 点（2°），则飞机偏离航线的距离约为 210 ft 或 65 m。这样，可以推算出飞机在距台 30 n mile 处偏航 1 点的距离约为 1 n mile，在距台 60 n mile 处偏航 2 点的距离约为 4 n mile。

当发现航道偏离杆不居中，即飞机出现偏航时，可以根据航道偏离杆的指示进行飞行。例如，当航道偏离杆偏在表盘左侧，即飞机位于航线的右侧时，向左改变航向，并进行飞行，直到航道偏离杆居中。

（2）背台飞行

背台飞行的步骤与向台飞行类似。但利用 CDI 或 HSI 进行背台飞行，常将背台航迹设为预选航道。此时，向/背台指标显示"FROM"。

4. 切入向/背台航线

类似于进入预定方位线的方法,利用 CDI 或 HSI 进行向台或背台切入航线时,应将待进入的航线设为预选航道:向台切入时,将向台航迹设为预选航道;背台切入时,将背台航迹设为预选航道。航道偏离杆居中的瞬间,即为切入航线的瞬间。

如图 4-30 和图 4-31 所示,飞机从 270°径向线向台(背台)切入 215°径向线,应将预选航道设为 035(215),向/背台指标显示为向台(背台),航道偏离杆偏右(左);左转,保持固定航向飞行,当靠近 215°径向线时,航道偏离杆向表盘中心移动,接近仪表中心时改出;偏离杆回中,显示飞机正进入向台(背台)航线。

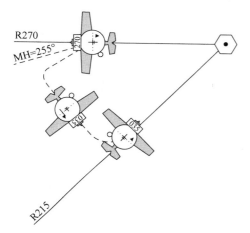

图 4-30　利用 CDI 向台切入航线

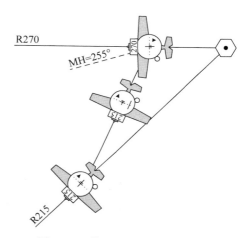

图 4-31　利用 CDI 背台切入航线

5. 正切电台

利用 CDI 或 HSI 判断正切电台的瞬间,其关键在于将预选航道设为正切时所在径向线的值或 QDR 的值。航道偏离杆回中的瞬间即为飞机正切电台的瞬间。

如图 4-32 所示,飞机保持磁航向 010°,沿磁航线 015°飞行,正切左侧电台时,飞机应位于 105°径向线上,故将预选航道设为 105,这样向/背台指标显示为"背台"。在飞机到达 115°径向线之前,航道偏离杆偏位于表盘左侧;飞机到达 115°径向线时,航道偏离杆开始向表盘中心移动。当航道偏离杆回中时,表明飞机正位于 105°径向线上,这一瞬间即为飞机正切左侧电台的瞬间。

6. 判断过台时机

利用 CDI 或 HSI 判断过 VOR 台的方法有以下三种。

(1) 根据仪表指针进行判断

作向台飞行时,当飞机离 VOR 台越来越近,仪表指针摆动越来越快;过台瞬间,指针停止摆动;过台后,飞机作背台飞行,离台越来越远,仪表指针趋于稳定。据此可判断飞机过台时机。

(2) 根据故障旗进行判断

地面 VOR 台正上空有个无声锥区,其中无线电波极其微弱。当飞机过台瞬间,HSI 上的红色故障旗将出现,据此可判断飞机正通过电台上空。

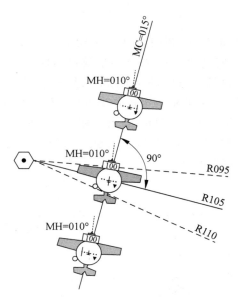

图 4-32　利用 CDI 正切 VOR 台

（3）根据向/背台指标进行判断

飞机到达 VOR 台前，CDI 或 HSI 上向/背台指标显示"TO"；通过电台瞬间，向/背台指标消失；过台后，向/背台指标由"TO"变为"FROM"。据此可判断飞机过台瞬间。

4.6　DME 导航

测距机（distance measuring equipment，DME）系统是一种二次雷达系统，用于测量询问器到某个固定应答器（地面台）的距离。DME 台常与 VOR 台配合使用，构成 VOR/DME 系统。

DME 系统是询问-回答式脉冲的测距系统，由地面设备和机载设备组成。

1. 地面设备

DME 系统的地面设备由应答器、监视器、控制单元、机内测试设备、天线和电键器组成。应答器是 DME 系统地面信标设备的主要组成部分，它由接收机、视频信号处理电路和发射机组成。接收机的作用是接收、放大和译码所接收的询问信号；发射机的作用是产生、放大和发送回答脉冲对。

地面 DME 台能同时为 100 架飞机提供服务，但如果询问的飞机多于 100 架，地面DME 台通过降低灵敏度来限制回答，保持对最近的 100 架飞机询问的回答。

DME 系统正常的测距范围为 0～200 n mile，最大可达 390 n mile，测距精度一般为0.3 n mile。地面 DME 台使用的识别码为三个英文字母的国际莫尔斯电码。

2. 机载设备

DME 系统的机载设备主要由询问器、控制盒、距离指示器和天线部分组成，如图 4-33 所示。

（1）询问器：由收发信机组成。发射机的作用是产生、放大和发射编码的询问脉冲对；

接收机的作用是接收、放大和译码所接收的回答脉冲对。询问器还包含距离计算电路,其作用是确定回答脉冲对的有效性,并计算距离,这一距离为飞机到地面信标台的斜距。

(2)天线:是具有垂直极化全向辐射图形的单个 L 波段天线,其作用是发射询问信号和接收回答信号。

(3)控制盒:对询问器收发信机提供需要的控制和转换电路以及频率选择。

(4)距离指示器:指示飞机到地面信标台的斜距,以海里为单位;在某些距离指示器上,还显示有计算的地速和到达地面信标台的时间,如图 4-34 所示。必须注意的是:这两个参数只有在飞机沿径向线飞行时才是准确的,如电台在飞机一侧,显示的只是 DME 距离变化率。距离指示器可以是单独的显示器,也可以与其他电子设备的显示器共用。

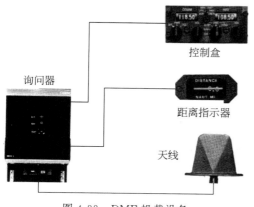

图 4-33　DME 机载设备

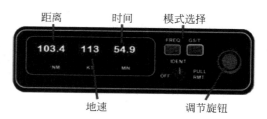

图 4-34　DME 距离显示器

3. 工作频率

DME 系统使用 962～1 213 MHz 每隔 1 MHz 的共计 252 个波道,机上设备与地面设备的收发频率是对应的,测距信标台的发射频率比询问频率高或低 63 MHz。询问频率使用 1 025～1 150 MHz 的 126 个询问频率,并采用 X、Y 的波道安排,共计 252 个应答波道,分别为(1～126)X 和(1～126)Y 波道。对于民用 DME 来说,有 52 个波道不用,即(1～16)X、Y 和(60～69)X、Y。这是由于,一方面,DME 通常与 VOR 和 ILS 联用,而 VOR 和 ILS 一共只有 200 个波道,故 DME 也只需要 200 个波道;另一方面,DME 与空中交通管制应答机的工作频段相同,尽管采用不同的时间编码,但为了避免可能产生的相互干扰,故禁止使用 52 个波道。

由于地面 DME 台与地面 VOR 或 ILS 台安装在一起,因而它们的工作频率是配套使用的:只需在控制盒上调谐好 VOR 或 ILS 的频率,DME 的频率自动设定。对于单独安装的地面 DME 台或控制盒,则需要在控制盒上调定 DME 台的频率。

本章小结

无线电领航是目前最常用的领航方式。通过测量无线电信号电参量获取无线电方位线、电台相对方位角、电台方位角、飞机方位角等无线电领航元素,显示在导航系统的仪表上。

NDB-ADF 系统常使用固定刻度盘的 ADF 指示器、人工调节刻度盘的 ADF 指示器以及无线电磁指示器三种 ADF 显示仪表提供导航信息,其基本工作原理是自动定向功能,即测量电台相对方位角。

VOR 系统常使用无线电磁指示器、航道偏离指示器和水平状态指示器三种显示仪表提供导航信息。除无线电磁指示器外,其基本工作原理在于飞机与预选航道的位置关系。DME 系统测量飞机到电台的斜距,往往配合 VOR 系统使用。

通过各种导航系统显示仪表提供的导航信息,飞机能顺利完成进入预定方位线、向/背台飞行、切入航线、检查航迹、修正航迹、飞机定位等飞行任务。

思考题

1. 什么是无线电领航?
2. 无线电领航元素有哪些? 具体含义是什么?
3. 判断飞机进入预定方位线的基本原理是什么?
4. 什么是主动向台飞行? 什么是被动向台飞行?
5. 向/背台飞行时,判断飞机切入航线的基本原理是什么?
6. 向/背台飞行时,判断飞机发生偏航的基本原理是什么?
7. 无线电定位有哪三种方式?
8. NDB-ADF 系统导航原理是什么?
9. ADF 常用的显示仪表有哪些? 如何读取无线电领航元素? 如何使用这些仪表进行飞行?
10. VOR 系统导航原理是什么?
11. VOR 常用的显示仪表有哪些? 如何读取无线电领航元素? 如何使用这些仪表进行飞行?
12. DME 系统的功能是什么?

课程思政阅读材料

红军时期的无线电技术斗争

李强:研制出我党第一部无线电收发报机

李白:用生命之光照亮黎明前的黑暗

第5章

仪表进近程序

5.1 仪表进近程序的分类

仪表进近程序是航空器根据无线电导航系统和超障标准所进行的一系列预定的机动飞行。这种飞行程序是从规定的进场航路或起始进近定位点开始,到能够完成目视着陆的一点为止,还包括复飞程序。

根据仪表进近程序最后航段所使用的导航设备及其精度,可将仪表进近程序划分为精密进近和非精密进近两类。

1. 精密进近程序

精密进近程序是在最后进近航段能够为飞机提供航向道和下滑道信息,引导飞机沿预定的下滑线进入着陆的仪表进近程序,精确度比较高。目前,在我国能够用于精密进近的系统有仪表着陆系统(instrument landing system,ILS)和精密进近雷达(precision approach radar,PAR)。

根据决断高和能见度(跑道视程),可将精密进近系统划分为三大类,如表 5-1 所示。

表 5-1　精密进近系统分类

类　　别		决断高/m	跑道视程/m
CAT Ⅰ		60	550
CAT Ⅱ		30	350
CAT Ⅲ	A	0	200
	B	0	50
	C	0	0

2. 非精密进近程序

非精密进近程序是在最后进近航段只提供航向道信息,而不提供下滑道信息的仪表进近程序,精确度比较低,受天气条件的限制较多。NDB、VOR、DME 或 VOR/DME 进近都属于这一类程序。其中,NDB 进近精度较低,VOR/DME 进近精度较高。另外,当 ILS 下滑台不工作或机载设备收不到下滑信号时,ILS 进近属于非精密进近。

5.2　仪表进近程序的结构

5.2.1　五个航段

一个仪表进近程序通常由五个航段组成:进场航段、起始进近航段、中间进近航段、最后进近航段以及复飞航段。

(1) 进场航段(arrival segment)

进场航段是从航路下降过渡到起始进近定位点(initial approach fix,IAF)的航段。对于飞行员而言,在进场航段,飞机沿航线下降到起始进近的高度,并在接近 IAF 时,减速至起始进近速度,选放起始襟翼。对于机场而言,进场航段的设置有利于空中交通管理,保证交通流畅。在这一航段,可设置等待程序。

(2) 起始进近航段(initial approach segment)

起始进近航段是从起始进近定位点(IAF)开始到中间进近定位点(intermediate approach fix,IF)或者最后进近定位点(final approach fix,FAF)/最后进近点(final approach point,FAP)终止的航段。在起始进近航段,飞机下降高度并进行一定的机动飞行,以对准中间或最后进近航迹。

(3) 中间进近航段(intermediate approach segment)

中间进近航段是从中间进近定位点(IF)到最后进近定位点/最后进近点(FAF/FAP)间的航段。此时,飞行员主要调整飞机外形、速度和位置,并稳定在航迹上,完成对准最后进近航迹,进入最后进近。在这一航段飞行,不应下降高度,而应平飞。即使下降,也应平缓,并确保在切入下滑道之前有一段平飞过程。

(4) 最后进近航段(final approach segmeat)

最后进近航段是完成航迹对正和下降着陆的最关键的阶段,包括仪表飞行和目视着陆两个部分。仪表飞行部分是从 FAF/FAP 开始至复飞点(missed approach point,MAP)或下降到决断高度的一点为止;目视着陆部分是从飞行员由仪表飞行转入目视进近开始直到进入跑道着陆为止。根据实际飞行情况,目视着陆可以对正跑道直接进入着陆,也可以作目视盘旋进近着陆。

(5) 复飞航段(missed segment)

复飞航段是从复飞点或决断高度中断进近开始,到航空器爬升到可以作另一次进近或回到指定等待航线、重新开始航线飞行的高度为止。它是在不能正常着陆和保证安全的条件下进行的飞行活动。在非精密进近程序中,在下降到最低下降高度/高时,应平飞至复飞点开始复飞;在精密进近程序中,在下降到决断高度/高时,应立即复飞。在复飞的起始阶段不允许转弯,飞机直线上升到复飞程序公布的转弯高度或转弯点上空时,方可转向指定的航向或位置。

5.2.2　基本型式

根据各机场的导航设施及其布局,以及起始进近所采用的航线,仪表进近程序常使用以下三种基本型式：

（1）直线航线程序

起始进近采用直线航线，一般为 NDB 方位线或 VOR 径向线；也可采用沿 DME 弧进近。飞机从 IAF 沿规定的航迹直接下降到中间进近的起始高度。这种程序的经济性和安全性较好，操作简便，在具备必要的导航设施和不受地形限制的情况下使用。

（2）反向程序

反向程度是指当进场方向与着陆方向接近相反时，为使飞机转至着陆方向，在起始进近航段所进行的一种机动飞行，最终使飞机在规定高度进入中间或最后进近航段。反向程序包括基线转弯（base turn）和程序转弯（procedure turn）两种，我国民航目前仅设计和公布基线转弯的反向程序。

① 基线转弯：也称为修正角航线。基线转弯的起点必须是一个导航台，包括规定的出航航迹和出航时间或 DME 距离，接着转弯切入入航航迹，如图 5-1(a)所示。

② 45°/180°程序转弯：程序转弯的起点必须是一个导航台或一个定位点，包括一条有航迹引导的直线航段，然后进行 45°角的转弯，接着进行一条无航迹引导的直线航段，飞行规定时间向反方向 180°转弯切入入航航迹，如图 5-1(b)所示。

③ 80°/260°程序转弯：程序转弯的起点必须是一个导航台或一个定位点，包括一条有航迹引导的直线航段，然后进行 80°角的转弯，接着进行反方向 260°转弯切入入航航迹，如图 5-1(c)所示。

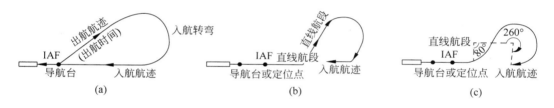

图 5-1　反向程序

（a）基线转弯；（b）45°/180°程序转弯；（c）80°/260°程序转弯

（3）直角航线程序

起始进近采用直角航线的进近程序，常用作等待航线程序。在我国一些小机场或导航设施不完备的机场，多采用这一程序，如图 5-2 所示。

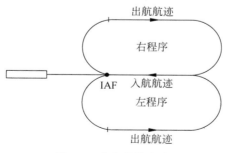

图 5-2　直角航线程序

根据转弯方向,直角航线分为左程序和右程序。左程序是过 IAF 点后向左转弯的程序;右程序是过 IAF 点后向右转弯的程序。标准等待程序是右程序。

5.3 仪表进近的有关标准

1. 飞机的分类

由于各型飞机的性能差异较大,在设计仪表进近程序时,根据飞机的着陆入口速度 V_{at} 将飞机划分为 A、B、C、D、E 五类(表 5-2)。着陆入口速度 V_{at} 是某型飞机在着陆形态下,以最大允许着陆重量进近着陆时失速速度的 1.3 倍,即 $V_{at}=1.3V_{s0}$。

表 5-2 飞机仪表进近分类

类 别	V_{at}/kn	机 型
A	≤90	双水獭、TB20、运 5、运 12、TB200
B	91～120	安 24、安 26、安 30、BAE146-100、冲 8、空中国王、萨伯 340B、肖特 360、夏延ⅢA、运七、雅克 42
C	121～140	A300-600、A310-200、A310-300、安 12、BAE146-300、福克 100、B707-320、B737-200、300、400、500、700、800、B747SP、B757-200、B767-200、C-130、奖状Ⅵ、运八、里尔喷气 55、伊尔 76
D	141～165	B747-200、400、B767、DC10、MD11、图 154M、伊尔 62、伊尔 86
E	166～210	暂无

2. 进近速度

在设计仪表进近程序时,各类飞机进近机动飞行所需空域(即安全保护区)是按照各航段所规定的速度范围中最大速度(IAS)设计的,各航段所使用的速度范围如表 5-3 所示。飞行时,各机型的进近速度不能超过所属飞机分类各航段的最大速度限制,以保证飞机在规定的安全保护区内飞行。

表 5-3 程序设计所用的速度   kn

飞机分类	起始进近速度范围	最后进近速度范围	目视机动最大速度(盘旋)	复飞最大速度	
				中间	最后
A	90～150(110*)	70～100	100	100	110
B	120～180(140*)	85～130	135	130	150
C	160～240	115～160	180	160	240
D	185～250	130～185	205	185	265
E	185～250	155～230	240	230	275

* 为反向和直角程序的最大速度。

3. 转弯坡度和转弯率

在程序设计时,采用标准转弯率 3°/s 所对应的转弯坡度,但等待和起始进近使用的坡度不超过平均坡度 25°,目视盘旋不超过平均坡度 20°,复飞转弯不超过平均坡度 15°。经过计算,在实际应用中,起始进近和等待使用的坡度为:当转弯速度 $v \leqslant 315$ km/h(170 kn)时,采用 3°/s 转弯率对应的坡度;当转弯速度 $v > 315$ km/h(170 kn)时,采用平均坡度 25°。

4. 超障余度

最小超障余度(minimum obstacle clearance,MOC)是指在非精密进近程序中,飞机飞越划定的超障区时,对障碍物应具有的最小真高。精密进近程序不规定最小超障余度,而是用高度表余度或高度损失来代替。

起始进近主区内的最小超障余度是 300 m(984 ft),中间进近主区内的最小超障余度是 150 m(492 ft)。非精密进近程序最后进近的最小超障余度为:有最后进近定位点 FAF 的最小超障余度为 75 m;没有最后进近定位点 FAF 的最小超障余度为 90 m。

5. 下降梯度/下滑角或下降率

下降梯度(Gr)是飞机在单位水平距离内所下降的高度,等于飞机下降的高度与所飞过的水平距离之比,采用百分数表示。下滑角则是指飞机的下滑轨迹与水平面之间的夹角,用度表示。仪表进近各航段都规定最佳下降梯度和最大梯度限制:起始进近航段的最佳下降梯度为 4%,允许的最大下降梯度为 8.0%;中间进近航段的最佳下降梯度为 0,如果需要下降,则允许的最大下降梯度为 5%;对于非精密进近程序,最后进近航段的最佳下降梯度为 5.2%,允许的最大下降梯度为:A、B 类飞机 6.5%,C、D、E 类飞机 6.1%;对于精密进近程序,使用下滑角代替下降梯度,最后进近航段的最佳下滑角为 3°,允许的最大下滑角为:Ⅰ类进近 3.5°,Ⅱ类进近 3°。

对于直角或反向程序,由于航迹的实际长度不同,不可能为直角或反向程序规定一个下降梯度,所以用程序的出航和入航航迹规定的最大下降率(rate of descent,RD)代替,如表 5-4 所示。

表 5-4　规定的最大下降率

分　类	出　　航		入　　航	
飞机分类	A/B 类	C/D/E 类	A/B 类	C/D/E 类
下降率	245 m/min (804 ft/min)	365 m/min (1 197 ft/min)	200 m/min (656 ft/min)	305 m/min (1 000 ft/min)

6. 最低下降高度/高和决断高度/高

在起飞和进近着陆中,机长要掌握好与飞行安全相关的两个决断,即起飞时的决断速度(V_1)和进近时的决断高度/高(DA/DH)或最低下降高度/高(MDA/MDH)。

(1)最低下降高度/高(MDA/MDH):非精密进近程序的着陆标准之一。飞机下降至 MDA/MDH,若不能取得目视参考,或处于不能正常着陆位置时,则平飞至复飞点再复飞。

(2)决断高度/高(DA/DH):精密进近程序的着陆标准之一。飞机下降至 DA/DH,若不能取得目视参考,或处于不能正常着陆位置时,则立即复飞。

其中,MDA 和 DA 是以 QNH 为基准,高度表调 QNH;若机场使用 QFE,则公布 MDH/DH。

5.4　三种程序机动飞行简介

5.4.1　等待航线飞行

1. 等待程序的构成

等待程序即为直角航线程序,起点可以是一个导航台,也可以是定位点。一个等待程序由入航航迹、出航转弯、出航航迹和入航转弯构成,如图 5-3 所示。其中,右程序为标准等待程序,左程序为非标准等待程序。

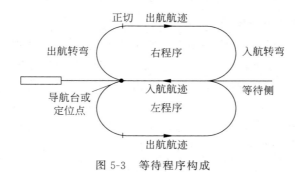

图 5-3　等待程序构成

（1）出航时间：可根据下降的需要,从 1～3 min 以 0.5 min 为增量。等待程序的出航时间规定是 14 000 ft(4 250 m)（含）以下为 1 min,14 000 ft(4 250 m)以上为 1.5 min。如果有 DME,可用 DME 距离限制来代替时间。

（2）出航计时：分两种情况,如果等待程序的起始点为电台,则出航计时是从正切电台或转至出航航向开始,以晚到者为准;如果等待程序的起始点为定位点,则出航计时是从转至出航航向开始。

2. 等待程序的数据

对于已公布的等待航线,可以从图上查出等待定位点参数、出航航迹、入航航迹、出航时间、最低等待高度层、最大等待速度。对于未公布的等待航线,以上数据则可从空中交通管制部门处获得。而等待燃油耗油量及最大等待时间则需进行计算。

在飞机到达等待定位点前 5 min,由管制部门发给飞机进行等待的管制许可。等待的许可包括：

（1）等待定位点。

（2）等待航线与等待定位点的方位关系。

（3）飞向等待定位点的入航航迹所使用无线电设备的径向线、航向、方位、航路或航线。

（4）等待航线的出航距离或以分钟为单位的出航时间。

（5）等待航线的转弯方向(右转弯可以省略)。

以上内容为航图上未公布的等待航线,如果等待航线在航图上已公布,则③～⑤项的内容可以省略。发给飞机上述等待许可之后,管制部门还要通知飞机预计进近时间或预计追加管制许可(下一个许可)的时间。而进场飞机的预计追加管制许可时间,是在该飞机的等待定位点而不是其进近等待点时由管制部门发给。

3．实施程序

等待航线的实施程序由四部分组成：

（1）当需要飞机在等待定位点进行等待延迟时，空中交通管制部门在飞机到达定位点前 5 min，发出进行等待的管制许可。

（2）进行各种计算，并在到达等待定位点前 3 min，开始减速到等待速度。

（3）根据飞机飞往等待定位点的航向，按规定扇区进入等待航线。

（4）沿等待航线飞行，直至脱离等待航线。

4．等待航线的进入

根据进入的扇区，可将加入等待程序的方法分为直接进入、偏置进入和平行进入三种。

（1）进入扇区的划分

以等待航线起始点（导航台或定位点）为圆心，入航航迹方向为基准，向等待航线程序一侧（右航线向右、左航线向左）量取 110°，并通过起始点画出一条直线，该直线与入航航迹方向线将 360°的区域划分为三个扇区，即第一扇区 110°、第二扇区 70°、第三扇区 180°，各扇区还应考虑其边界两侧各 5°的机动区，如图 5-4 所示。

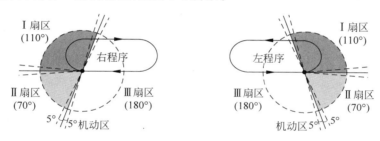

图 5-4　进入扇区的划分

（2）扇区进入方法

飞机从扇区进入等待程序，根据航向与三个扇区的关系，确定进入方法。

第一扇区：平行进入（parallel entry）。如图 5-5（a）所示，飞机到达导航台或定位点后，转至出航航向飞行适当时间，然后左转弯（右航线）或右转弯（左航线）切入到入航航迹上向台飞行，飞机第二次飞越导航台（二次过台）或定位点，然后作正常转弯加入等待航线。

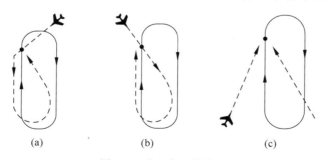

图 5-5　进入扇区的方法

（a）平行进入；（b）偏置进入；（c）直接进入

第二扇区：偏置进入（teardrop entry）。如图 5-5（b）所示，飞机到达导航台或定位点后，向等待航线一侧转弯，使飞机航向与入航航迹成 30°的偏置角，保持这一航向飞行适当时间，然后转弯切入入航航迹向台飞行，第二次飞越导航台或定位点，正常转弯加入等航线。

偏置航迹的飞行时间规定：等待航线程序出航时间在 1.5 min 以内时，飞机在偏置航迹上飞行时间与出航时间相等；如果出航时间超过 1.5 min，则在偏置航迹上飞行 1.5 min，然后转至出航航向飞行剩余的出航时间。

第三扇区：直接进入（direct entry）。如图 5-5（c）所示，飞机到达导航台或定位点后，直接转向出航航迹方向，加入等待航线程序。

（3）等待航线进入的直观判断

在很多情况下，飞行员需要快速、准确地判断飞机所在的进入扇区和方法。因此，飞行中依据 RMI 和 HSI 进行直观判断是最简便的方法，同时可以用左（右）手确定扇区的进入方法，也是一种极简便有效的判断方法。

① 用 RMI 和 HSI 的直观判断

首先是在 RMI 和 HSI 表面上设想出三个扇区，然后看入航航迹线或出航航迹角落在哪个扇区，从而确定进入直角航线的方法。

如图 5-6 所示，右程序的 RMI、HSI 仪表设想是以"右翼尖"为基准，向上 20°画出一条通过仪表中心的假想直线，再画出航向标线到仪表中心的连线，这两条线（即扇区分界线）将仪表表面分为三个进入扇区，左上方为第一扇区，右上方为第二扇区，下方为第三扇区。左程序的 RMI、HSI 仪表设想是以"左翼尖"为基准，扇区分界线的画法同右程序一样，右上方为第一扇区，左上方为第二扇区，下方为第三扇区。

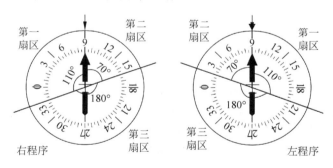

图 5-6   RMI、HSI 扇区划分

三个扇区在 RMI、HSI 设想以后，假设仪表中心就是导航台（即等待航线起始进近定位点），以导航台为准，设想出等待航线，看入航航迹线或出航航迹角落在哪个扇区，就用该扇区的进入方法进入等待航线。

下面以进入右等待航线为例，说明用 RMI、HSI 判断进入等航线的方法。如图 5-7 所示，HSI 调定的向台航道为 240°，从 RMI 指示可知，飞机沿着 QDM090°的方位飞向电台，设想出三个扇区，画出等待航线，可以知道入航航线或出航航迹角 060 落在第一扇区，因此采用平行进入的方法，即飞机通过导航台后，向左转至出航航向 060°，保持并背台飞行适当时间，再左转弯切入向台航迹 240°，保持至第二次过台，操纵飞机右转弯加入等待航线。

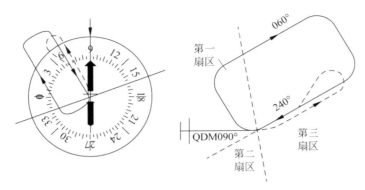

图 5-7　用仪表判断进入等待航线

② 用左(右)手法直观判断

用左(右)手法直观判断,是通过左(右)手进行扇区的设想,然后看入航航迹线或出航航迹角落在哪个扇区,从而确定进入等待航线的方法。

图 5-8 为扇区设想:右程序用右手,食指所指是飞向导航台或定位点的航向,以食指为准,向左减小 110°的方向为拇指所指方向,向右增加 70°的方向为中指所指方向,连接中指拇指,这样就将 360°的范围分成了三个扇区,左上方拇指与食指所夹 110°扇区为第一扇区,右上方食指与中指所夹 70°扇区为第二扇区,下方中指与拇指所夹 180°扇区为第三扇区。左程序用左手,扇区设想与右程序相同,右上食指与拇指所夹 110°扇区为第一扇区,左上方中指与食指所夹 70°扇区为第二扇区,下方拇指与中指所夹 180°扇区为第三扇区。

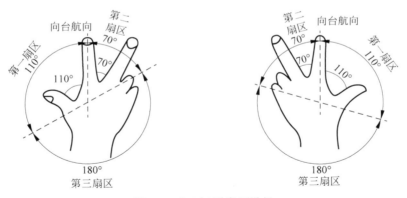

图 5-8　左(右)手扇区设想

三个扇区在左(右)手上设想以后,假设掌心就是导航台或定位点,以导航台或定位点为准,设想出等待航线,看入航航迹线或出航航迹角落在哪个扇区,就用该扇区的进入方法进入等待航线。

下面以右等待航线为例,说明用左(右)手法判断进入等待航线的方法。如图 5-9 所示,飞机向台航向为 050°,空中交通管制员指挥飞机飞至导航台上空进入向台航迹为 060°的右等待航线。这时飞行员用右手划分进入扇区,食指指示 50°、拇指指示 300°、中指指示 120°,从而确定出飞机的入航航迹线或出航航迹角 240°落在第三扇区。采用直接进入的方法,即向左转切入到向台航迹为 060°的入航迹线上,控制飞机沿入航航迹飞向导航台,过台后向右转 180°,进入等待航线。

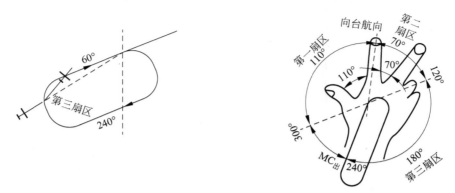

图 5-9　左(右)手法判断进入等待航线

5.4.2　反向程序

我国民航制定和公布的反向程序只有基线转弯即修正角航线一种,建立在着陆方向右侧的称为右航线,建立在着陆方向左侧的称为左航线。

1. 修正角航线的构成

修正角航线由出航航迹(背台边)、基线转弯(入航转弯)和向台航迹(入航航迹)构成,如图 5-10 所示。

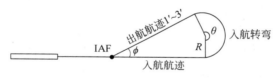

图 5-10　修正角航线的构成

修正角航线出航时间的规定与直角航线相同,只是计时开始时刻是在通过导航台(起始进近定位点)上空的瞬间。可见,修正角航线的起点只能是导航台。出航航段的限制与直角航线规定相同。

(1) 偏置角 φ:出航航迹与入航航迹的夹角,程序设计是根据出航时间 $t_出$ 和飞机进近真空速计算出来的,但在飞行员使用修正角航线时,直接比较两条航迹就可以得出偏置角度 φ 的大小。

(2) 基线转弯角度 θ:从图 5-10 可以看出,基线转弯角度 $\theta = 180° + \varphi$。

2. 修正角航线的无风数据

修正角航线的无风数据,按 A/B 类和 C/D 类飞机以仪表进近图的形式予以公布,但必须注意的是,公布的数据是按飞机分类的最大速度设计的,而实际飞机飞行时有较大的差异,使用时必须结合所飞机型进行计算。

如图 5-11 所示,公布的修正角航线数据为 NDB 进近程序数据。

(1) 起始进近定位点及高度

起始进近定位点在外示位信标台(LOM)上空,起始进近高度为 900 m,飞机飞越定位

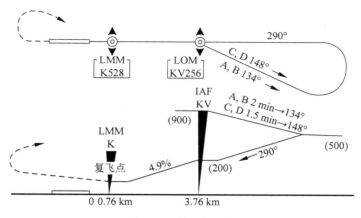

图 5-11　修正角程序

点前不得低于该高度。

（2）出航航段（背台边）的航迹角和出航时间

该修正角航线程序为左航线，出航航段的磁航迹为 A、B 类 134°，C、D 类 148°；出航时间为 A、B 类飞机 2 min，C、D 类飞机 1.5 min。

（3）入航转弯开始高度

该航线入航转弯开始高度为场压高 500 m，飞机向左进行 204°（A、B 类）或 218°（C、D 类）的平飞入航转弯，切入到五边进近（跑道延长线）的向台高度为场压高 500 m。

（4）入航航段的航迹和第二次过台高度

该程序的最后进近定位点在 LOM 台上空，入航航段的向台航迹为 290°，第二次过台 LOM 高度为场压高 200 m，飞机在飞越该台前不得低于该高度。

飞行员在使用修正角航线进近时，无风数据应当熟记，着重掌握：一个时间——出航时间；两个航迹——出航航迹和入航航迹；三个高度——起始进近高度和入航转弯高度及第二次过台高度。

3. 实施程序

沿修正角航线起始进近的实施程序如下：

（1）在取得进场许可和进场条件后，飞机沿指定的进场航线飞向起始进近定位点 IAF，进行修正角航线的计算，重点是风的修正，按规定高度和方法加入修正角航线。

（2）飞机过台计时，沿出航航迹背台飞行，保持下降率下降至入航转弯开始高度改平，利用 DME 距离限制或出航时间限制控制入航转弯时机，并检查航线的宽、窄。

（3）按规定高度进入入航转弯，在转弯的后半段利用仪表指示控制四转弯开始时机，并在四转弯过程中及时检查和修正转弯中的偏差。

（4）改出入航转弯后，计时，报告，控制飞机沿五边进行着陆。

4. 修正角航线的加入方法

沿修正角航线作起始进近时，有两种方法加入修正角航线，即加入扇区进入和全向进入。

（1）加入扇区进入

当飞机保持航向飞向定位点时，如果飞机落在进入扇区里，则直接加入修正角航线，即飞机飞向定位点,按规定高度飞越定位点,沿出航航迹背台飞行。如果飞行员已经确认飞机在以电台为圆心的 25 n mile(46 km)进场扇区内,则可以在到达定位点前先切入出航航迹反向延长线(即方位线)上,沿方位线飞行,过台后直接加入修正角航线。如图 5-12 所示。

加入扇区的划法:以定位点为基准点,以出航航迹的反方向±30°画出扇区,如扇区没有包括入航反方向,则进入扇区应扩展至入航反方向。因此,当 $\varphi \leqslant 30°$ 时,进入扇区范围为 60°;当 $\varphi > 30°$ 时,进入扇区范围为 $(30°+\varphi)$ 角。如图 5-13 所示。

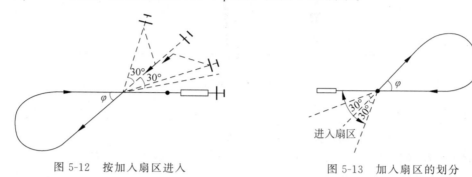

图 5-12　按加入扇区进入　　　　　图 5-13　加入扇区的划分

(2) 沿等待航线全向进入

如果修正角航线和一个等待航线相结合,则可以按加入等待航线的方法加入等待航线后,过渡到修正角航线,实现全向进入。

5. 入航转弯时机的判断

掌握好入航转弯的时间,对于准确切入五边下降着陆具有重要意义,因此飞行中必须严格控制出航(背台)航迹,使飞机沿规定航迹飞行,同时参考出航时间或 DME 距离来控制开始入航转弯的时机。

(1) 利用出航时间检查

出航背台飞行中,严格保持好背台航迹,当 $t = t_{应}$ 时,开始入航转弯,完成后,飞机刚好切到五边向台航迹;如果 $t < t_{应}$,则可能会造成五边向台航迹缩短,入航转弯改出后下滑线高,造成着陆困难;如果 $t > t_{应}$,则会使得五边向台航迹增长,入航转弯改出后下滑线低,同样造成进近着陆困难,并可能偏出安全保护区,危及飞行安全。

(2) 用 DME 距离检查

用地面 DME 台和机载 DME 指示器可以十分方便地检查出航航迹,准确度较高。检查方法与用出航时间检查航迹相同。

5.4.3　沿 DME 弧飞行

1. 沿 DME 弧飞行方法

在无风条件下通过保持 RMI(或 ADF 指示器)方位指针与"左翼尖"(电台在左时)或"右翼尖"(电台在右时)一致,DME 指示器显示预定 DME 距离。这样飞机可以保持一定的速度沿 DME 弧飞行。

在实际飞行中,通常是沿一系列的短直线飞行,即沿 DME 弧割线飞行的方法。沿 DME 弧割线飞行的方法就是当 RMI(或 ADF 指示器)方位指针指向左翼尖参考或右翼尖参考,且飞机在预定的 DME 距离时,保持航向沿割线飞行并允许 RMI 方位指针落后于翼尖参考 5°或 10°,这时 DME 指示器显示的距离 D 比 $D_{预}$ 有少许增加;飞行员操纵飞机向电台一侧转 10°或 20°航向,RMI(或 ADF 指示器)方位指针又回到翼尖参考之前 5°或 10°,并保持其航向飞行,这时,RMI(或 ADF 指示器)方位指针又逐渐从翼尖参考之前 5°或 10°再次变为翼尖参考之后 5°或 10°,DME 指示器 D 变为相等直至又比 $D_{预}$ 多,飞机再次向电台一侧转 10°或 20°航向飞行。如此重复上述操作,就可以保持飞机沿 DME 弧飞行。如图 5-14 所示。

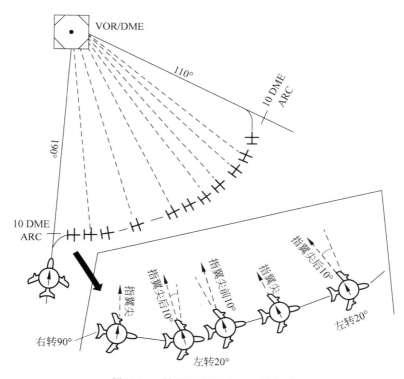

图 5-14 利用 RMI 沿 DME 弧飞行

2. 沿 DME 弧飞行对风的修正

在沿 DME 弧飞行中,虽然空中风是稳定的,但飞机的航向是不断变化的。因而飞机沿 DME 弧飞行时,风角是不断变化的。因此,在侧风情况下沿 DME 弧飞行,必须对侧风进行修正,重新选择一个参考点,可以称这一参考点为有风参考点。选择有风参考点的原则是:如果侧风使飞机远离电台,则有风参考点在翼尖前一个角度(即针尖前置于翼尖);如果侧风使飞机靠近电台,则有风参考点在翼尖后一个角度(即针尖落后于翼尖)。这一角度的大小根据风向、风速及沿 DME 弧飞行方法综合确定。在整个 DME 弧飞行中,有风参考点应随着飞行的变化按所修正的偏流角 DA 的大小设置在翼尖前或后的一个角度上。如图 5-15 所示。

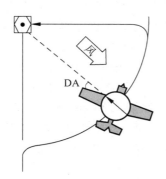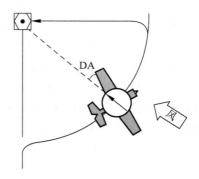

图 5-15　沿 DME 弧飞行对风的修正

3. 从 DME 弧过渡到径向线

当飞机沿 DME 弧飞行,需要切入到指定径向线时,飞行员应提前转弯改出 DME 弧飞行,转弯的提前量随 DME 弧的距离和飞机速度的不同而变化。在实际飞行中,飞机转弯速度在 170 kn 内,可以用心算公式进行计算,计算出转弯前置角(angle of lead,AOL)。飞行中常用 RMI、HSI、CDI 来控制提前转弯的时机。

$$AOL = \frac{180°}{\pi \cdot 3°/s} \times \frac{GS}{3\ 600\ s} \times 57.3°D_{预}$$

$$= 0.3GS/D_{预} \approx 0.3TAS/D_{预}$$

式中,TAS 的单位为 kn;$D_{预}$ 的单位为 n mile。

5.5　仪表着陆系统

仪表着陆系统(instrument landing system,ILS)是飞机进近和着陆引导的国际标准系统,它是 1947 年由国际民航组织(ICAO)确认的国际标准着陆设备。由于仪表着陆系统能在恶劣气象条件下或飞行员看不到任何目视参考的天气下,引导飞机进近着陆,故常被称为"盲降"。

5.5.1　组成

仪表着陆系统也是由地面设备和机载设备组成。

1. 地面设备

ILS 地面设备由航向台(localizer,LOC 或 LLZ)、下滑台(glide slope,GS)、指点标台(marker beacon,MB)和进近灯光系统组成,如图 5-16 所示。

(1) 航向台:由一个甚高频发射机、调制器、分流器及天线阵组成,其中天线安装在跑道末端的中心延长线上,一般距跑道末端 400～500 m。航向台在空间产生一条无线电航道,一般与跑道中心线重合。飞行员根据仪表的指示进入航道,即能使飞机沿跑道的中心线飞行。

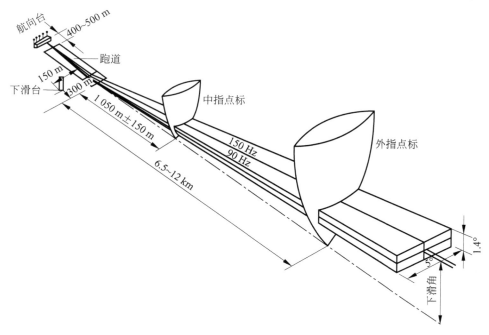

图 5-16　标准仪表着陆系统

（2）下滑台：由一个特高频发射机、调制器及天线阵组成，其中天线安装在跑道入口内的一侧，一般距入口 250 m 前后，与跑道中心线的横向距离为 150 m 左右。下滑台在空间产生一条与跑道平面成一定角度（最佳下滑角为 3°）的下滑道。飞行员根据仪表的指示，引导飞机沿一定角度下降到跑道上的某一指定点上。

（3）指点标台：一般配备 2～3 个指点标台，装在顺着着陆方向的跑道中心延长线的规定距离上。如图 5-17 所示，对于安装 3 个指点标台的情况，距离跑道从远到近分别为外指点标台（OM）、中指点标台（MM）和内指点标台（IM）。这些指点标台可以向飞机提供位置和相对跑道入口的距离信息。

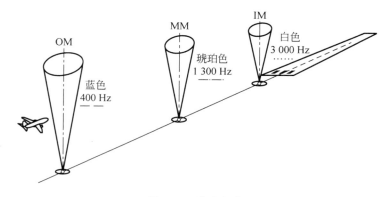

图 5-17　指点标台

由于外指点标台通常安装在下滑道切入点附近,常与远台 NDB 安装在一起,称为外示位信标台(LOM);中指点标台一般位于决断高 DH=60 m 处,常与近台 NDB 安装在一起,称为中示位信标台(LMM);内指点标台安装在决断高 DH=30 m 处。因此,这些指点标通常指示飞机在依次飞过这些信标台时,分别到达最后进近定位点(FAF)、Ⅰ类运行的决断高度、Ⅱ类运行的决断高度。

(4)进近灯光系统:可以在夜间或者低能见度进近情况下为飞行提供跑道入口位置和方向的醒目的目视参考。进近灯光安装在跑道的进近端,是从跑道向外延伸的一系列横排灯、闪光灯标或它们的组合。进近灯光通常在有仪表进近程序的跑道上使用,使得飞行员能够目视分辨跑道环境,帮助飞行员在飞机进近到达预定点的时候对齐跑道。进近灯光一般由机场的管制塔台控制,在无人管制的机场也可安装由飞行员通过无线电开关的飞行员控制灯光。无论哪种情况,灯光的亮度都可以根据日间和夜间运行来调整。

另外,ILS 地面台使用的识别码是三个英文字母组成的国际莫尔斯电码,第一个字母是"I",后两个字母为远台或机场归航台的识别代码。

2. 机载设备

ILS 机载设备由接收机、控制盒、指示仪表和天线构成。

(1)接收机:一般有三个,即甚高频 VOR/LOC 航向接收机、超高频 GS 下滑接收机和甚高频指点标接收机。接收机用于接收和处理地面台发射的信号,并送入指示器指示飞机偏离下滑道的情况或送入自动飞行控制系统。

(2)控制盒:控制机载 ILS 系统,也用于选择航向台接收机的频率。

(3)指示仪表:用于指示飞机偏离航向道和下滑道的信息。常用的有(电子)水平状态指示器(E)(HIS)和姿态指引仪(E)(ADI)。

(4)天线:共三种天线,即共用的水平极化型 VOR/LOC 天线、用于下滑接收机的折叠式偶极天线和用于指点标的环状天线。

5.5.2 进近灯光系统

常见的进近灯光系统主要有简易进近灯光系统、Ⅰ类精密进近灯光系统以及Ⅱ类精密进近灯光系统等。本节在此做一简介,详细内容可参见《民用机场飞行区技术标准》(MH5001—2021)。

1. 简易进近灯光系统

简易进近灯光系统应由一行位于跑道中线延长线上,并尽可能延伸到跑道入口不小于 420 m 处的灯具,以及一排在距跑道入口 300 m 处一个长 30 m 或 18 m 的横排灯的灯具组成,如图 5-18 所示。简易进近灯光系统可分为 A 型和 B 型两类。A 类中线灯为一个单灯。B 类中线灯为至少 3 m 长的短排灯。如果预计该系统将升级为精密进近灯光系统,宜采用 4 m 长的短排灯。

2. Ⅰ类精密进近灯光系统

Ⅰ类精密进近跑道应设Ⅰ类精密进近灯光系统,如图 5-19 所示。灯光系统的全长应延伸到距跑道入口 900 m,因场地条件限制无法满足上述要求时可以适当缩短,但总长度不得

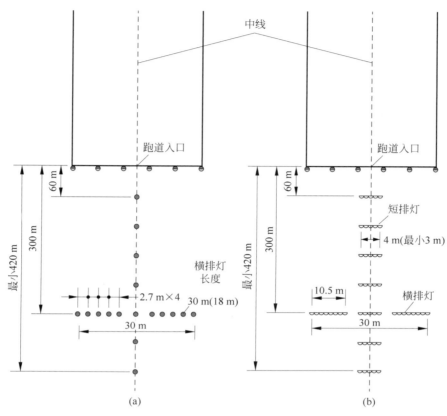

图 5-18　简易进近灯光系统（中线灯间距为 60 m 的情况）

（a）单灯；（b）短排灯

低于 720 m。Ⅰ类精密进近灯光系统应由一行位于跑道中线延长线上并尽可能延伸到距跑道入口 900 m 处的中线灯，以及一排在距跑道入口 300 m 处构成一个长 30 m 的横排灯组成。构成中线的灯具的纵向间距应为 30 m，最靠近跑道入口的灯位于离跑道入口 30 m 处。Ⅰ类精密进近灯光系统可分为 A 型和 B 型两类。

（1）A 型：在中线的最里面 300 m 部分为单灯光源，在中线的中间 300 m 部分为双灯光源，在中线的最外端 300 m 部分为三灯光源，用以提供距离信息。

（2）B 型：一个短排灯。

3．Ⅱ/Ⅲ类精密进近灯光系统

Ⅱ/Ⅲ类精密进近跑道应设Ⅱ/Ⅲ类精密进近灯光系统，如图 5-20 所示。Ⅱ/Ⅲ类精密进近灯光系统全长宜 900 m，因场地条件限制无法满足上述要求时可以适当缩短，但总长度不得低于 720 m。应由一行位于跑道中线延长线上并尽可能延伸到距跑道入口 900 m 处的灯具组成，此外还应有两行延伸到跑道入口 270 m 处的侧边短排灯以及两排横排灯，一排距跑道入口 150 m，一排距跑道入口 300 m。距离跑道入口 300 m 以内的灯具布置如图 5-20 所示。

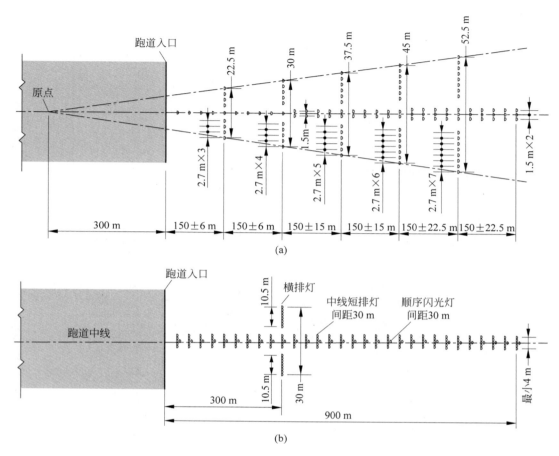

图 5-19　Ⅰ类精密进近灯光系统
(a) 标示距离的中线灯；(b) 中线短排灯

5.5.3　工作原理

1. 航向台

　　航向台 VHF 振荡器产生 108.10～111.95 MHz 频段中的任意一个航向信标频率,分别加到两个调制器,分别用 90 Hz 和 150 Hz 的载波进行调幅。两个通道的调制幅度相同,调制后的信号通过两个天线阵发射,在空间产生两个朝着着陆方向,有一边相重叠的相同形状的定向波束,左波束用 90 Hz 正弦波调幅,右波束用 150 Hz 正弦波调幅,在两波束相重叠的中心线部分,90 Hz 和 150 Hz 调制信号的幅度相等,形成 3°～6°航向道,并调整使它与跑道中心线相重合。

　　当飞机在航向道上时,90 Hz 调制信号等于 150 Hz 调制信号;如果飞机偏在航向道的左侧,90 Hz 调制信号大于 150 Hz 调制信号;如果飞机偏在航向道的右侧,150 Hz 调制信号大于 90 Hz 调制信号。当机载接收设备接收到两种调制信号后,经放大、检波和比较两个调制信号的幅度,由指示仪表中"航道偏离杆"显示出飞机偏离航向道的方向(右或左)和角

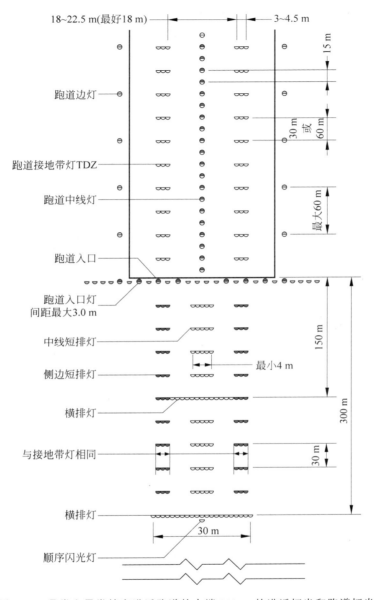

图 5-20   Ⅱ类和Ⅲ类精密进近跑道的内端300 m 的进近灯光和跑道灯光

度。如图 5-21 所示。

　　对于 HSI 上航道偏离刻度是两个点的仪表,每偏一个点表示飞机偏离航向道 1.25°,满偏为 2.5°;对于五个点的仪表,每偏一个点表示飞机偏离航向道 0.5°,满偏为 2.5°。

　　有的航向台天线还同时提供与跑道着陆方向相反的天线方向性图。在这个方向上,90 Hz 调制信号在反进近航道的右侧,150 Hz 调制在左侧,并且航向信标发射机在跑道的近端,这个区域称为反航道(back course)。反航道区域没有下滑信号,沿反航道进近的飞机只能使用航向信标,在仪表上的指示与正常进近时的指示相反。

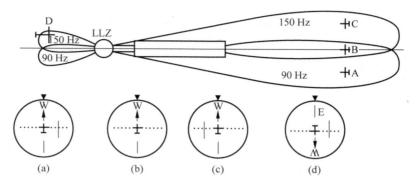

图 5-21　航向台发射信号与飞机位置关系
（a）飞机偏左；（b）不偏；（c）飞机偏右；（d）飞机偏左

2. 下滑台

下滑台的发射天线有两组,安装在一根直杆上,在顺着着陆方向上发射两个与跑道平面成一定仰角(即下滑角),并有一边相重叠的相同形状的波束。在两个波束相重叠的中心线部分,90 Hz 和 150 Hz 调制信号的幅度相等,形成 1.4°厚的下滑面。

如图 5-22 所示,机载接收设备接收到下滑台发射的两种调制信号后,经放大、检波和比较两个调制信号的幅度,由指示仪表中"下滑道偏离指针"显示出飞机偏离下滑道的方向(上或下)和角度。在 HSI 和 ADI 上,"下滑偏离指针"每偏离一点为 0.35°,满偏为 0.7°。

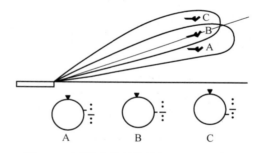

图 5-22　下滑台发射信号与飞机位置关系

3. 理想下滑道的形成

在仪表着陆系统中,航向台所确定的航道面与下滑台所确定的下滑面的交线即为下滑道,下滑道的范围为航向道宽 3°～6°,与下滑面厚 1.4°在空间形成的一个矩形延长的角锥形下滑道。飞行中可以通过 HSI 和 ADI 的显示,确定出飞机偏离下滑道的上、下和左、右及大、小。在下滑道扇区以外,偏离指示只能判断出飞机在下滑道的上或下、右或左,但不能准确地读出偏离下滑道的角度大小。

4. 机载设备

下滑台和航向台信号由天线接收后送入预选器,预选器选择出下滑台和航向台频率信号并排除其他频率信号;预选出的信号与频率合成器振荡信号相混合,产生中频信号送至检波器,检波器从载波频率中分离出 90 Hz 和 150 Hz 音频信号,检波后的信号分成两路:一路至监控电路,用来检查信号的有效性和信号强度;一路至仪表偏转电路,用来比较

90 Hz 和 150 Hz 音频信号的强度,并产生相当于两个音频信号之差的信号电压——偏离电压,此电压用于驱动 HSI 和 ADI 中的下滑偏离指针和航道偏离杆,向飞行员提供下滑偏离和航道偏离情况。

5. 作用范围

航向台发射的电波覆盖区,在 ILS 航向道中心线左右 10°范围内的有效作用距离为 25 n mile;在左右 10°~35°范围的有效作用距离为 17 n mile;在左右 35°以外的有效作用距离为 10 n mile。如果地形限制或有其他导航设备能在中间进近段提供满意的覆盖时,在左右 10°范围内的有效距离可减小至 18 n mile,其余范围的有效距离可减小至 10 n mile。

下滑台发射的电波覆盖区,在跑道中心(延长)线两侧各 8°范围内,从跑道平面以上 $(0.3\sim1.75)\theta$(θ 为下滑线相对地平面的仰角)的范围内,有效作用距离为 10 n mile。

5.5.4 ILS 进近

1. ILS 进近的五个阶段

ILS 进近程序可分为五个阶段,即沿航线到 IAF(进场阶段),背台飞行和基线转弯或程序转弯(起始进近阶段),切入航向道到切入下滑道(中间进近阶段),截获下滑道、沿 ILS 航道和下滑道下降到决断高(或高度)(最后进近航段),以及中断进近复飞(复飞阶段)。

沿直线航线过渡到 ILS 进近时,飞行员保持进场航线的最低高度,在达到切入航向道定位点以前减速飞行,并建立以反向程序到达该点时相对应的飞机形态,不宜过早也不宜过晚。ILS 进近在切入航向道之前的飞行与非精密进近相同。切入航向道和下滑道后,下降到决断高度/高,能转为目视着陆则继续下降着陆,否则执行复飞程序。

2. 切入航向道的方法

按公布的程序建立修正角、直角或其他航线,以及 DME 弧,飞机转向五边的后半段,当飞机航向与跑道方向小于 60°夹角的任意度数时,改平飞机,放切入角,保持切入航向向航向道切入。切入角以 45°为宜,如果是顺风转弯则应适当减小切入角,以利于飞机一旦截获航向道后,能迅速转向航向道方向,减小风的影响;逆风转弯则应适当增大切入角,以利于飞机在转弯中克服风的影响,飞机改出时位于航向道上。一般情况下,减小切入角选择 30°,增大切入角选择 60°。在切入过程中,可根据 ADF 指示器、RMI 和 HSI 指示逐渐减小切入角,以免在截获航向道信号时,因切入角大而不能及时准确地在航向道内对正着陆航道而偏离航向道。

改出切入的时机和方法:飞机放好切入角后,飞行应保持好飞机状态,稳定切入航向,适时检查航道偏离杆的变化,判断改出切入的时机。

(1)人工操纵:当 HSI 上航道偏离杆一开始从最大范围处向中立位置移动时,进行改出切入的工作,即迅速操纵飞机以适当的坡度改出切入;改出过程中应及时检查和协调航向和航道杆向中立位置移动速度,防止改出过早或过晚。当航向变化快、偏离杆移动慢时,进入早,应减小坡度;当航向变化慢、偏离杆移动快时,进入晚,应增大坡度。

(2)人工操纵结合 ADI:飞行员按 ADI 的驾驶指令操纵飞机,使飞机改出切入位于航向道上。

(3)使用自动驾驶仪:当所有设备正常工作时,飞机将自动切入 ILS 航向道。

3. 切入下滑道的方法

飞机保持在航向道上飞行过程中,下滑偏离指针逐渐回中。当指针回中时,表明飞机截获下滑道,这时操纵飞机改下滑,但是因为飞机的向前惯性,当放着陆襟翼时,飞机升力增加,导致飞机上拱,飞机实际位置则在下滑道之上。接着操纵飞机回到下滑道,增加了操纵动作,使飞机舒适性降低,再加上在操纵飞机前需要留有一定的提前量,因而可以将改下滑的时机提前。

(1)人工操纵:飞机截获下滑道后,根据下滑道偏离指针,保持飞机以平飞状态从下滑道的下方切入,这样有利于保持飞机状态和飞行安全。当下滑道偏离指针向下移至 1/2 点时,操纵飞机改下滑。

(2)人工操纵结合 ADI:飞行员按 ADI 的驾驶指令操纵飞机,使飞机改下滑后在下滑道上飞行。

(3)使用自动驾驶仪:当所有设备正常工作时,飞机将自动切入下滑道。

在航向道没有截获的情况下,下滑道不会首先被截获,这是系统内部所设置的。

4. 继续进近或中断进近复飞

飞机沿下滑道下降到规定的高度/高时,如果不能建立目视参考,或者不是处于能够正常着陆的位置,飞机不能继续下降,而应按公布的复飞程序立即复飞。这一规定的高度/高称为决断高度/高(decision altitude/height,DA/DH)。它是表示机场着陆最低标准的要素之一。决断高度 DA 是以平均海平面为基准,飞行中气压式高度表拨正值为 QNH;决断高DH 是以跑道入口标高为基准,气压式高度表拨正值为 QFE。

5. 下滑台不工作或接收不到下滑信号

飞行中当下滑台不工作或机载接收机无法接收到下滑信号时,按非精密进近的最低着陆标准执行,这种情况下五边航迹的控制完全与设备完好时一样,只是高度的控制按非精密进近五边高度的控制方法进行。

5.5.5 ILS 反航道进近

由于下滑台只向一个方向提供下滑道信号,因而对于安装一台 ILS 系统的机场,当飞机从航向台一端着陆,即无下滑道的一侧着陆时,称为反航道进近。

反航道进近时,可以将 HSI 预选航道对"正航道",进近时看针尾,偏离杆指示和修正与正航道方法相同;也可以使用自动驾驶仪"B/C"方式按钮,这样在 HSI 上预选航道对正"着陆航道",这时仪表对航向道信号的反应是反的,但显示在仪表上的关系与飞机和航向道的关系完全相同。但如果不使用"B/C"方式,则显示在仪表上的关系与实际飞机和航向道的关系完全相反。

本章小结

仪表进近程序是航空器根据无线电导航系统和超障标准所进行的一系列预定的机动飞行。根据仪表进近程序最后航段所使用的导航设备及其精度,可将仪表进近程序划分为精密进近和非精密进近两类。一个仪表进近程序,通常由进场航段、起始进近航段、中间进近航段、最后进近航段以及复飞航段构成。仪表进近程序有三种常用的基本型式：直线航线程序、反向程序以及直角航线程序。设计仪表进近程序时,需要考虑飞机分类、进近速度、转弯坡度和转弯率、超障余度、下降梯度或下降率、最低下降高度/高和决断高度/高等。常见的程序机动飞行包括等待程序、反向程序以及沿 DME 弧飞行。此外,仪表着陆系统可提供精密进近程序。

思考题

1. 精密进近程序与非精密进近程序是如何区分的?
2. 一个仪表进近程序可分为几个航段? 各航段主要作用是什么?
3. 仪表进近程序的基本型式有哪些?
4. 仪表进近的标准有哪些?
5. 等待程序包括哪些要素?
6. 加入等待程序的方法有哪些? 如何加入?
7. 等待程序进入扇区是如何划分的?
8. 修正角程序包括哪些要素?
9. 如何加入修正角程序?
10. 有侧风情况下,如何沿 DME 弧飞行?
11. 仪表着陆系统的地面设备有哪些?
12. 常用的进近灯光系统有哪些?
13. 航向台的工作原理是什么?
14. 下滑台的工作原理是什么?
15. 如何利用仪表着陆系统进近着陆?
16. 什么是反航道进近?

课程思政阅读材料

王清晨.职业飞行员应具备的八种安全意识[J]　　　飞行员的特殊"成人礼"

第6章

导航新技术

6.1 全球卫星导航系统

卫星导航定位技术的发展推动了现代导航系统的前进。全球卫星导航系统(global navigation satellite system,GNSS)可以为全球提供高精度、全天候、全天时、实时、海陆空天一体的导航定位。卫星导航系统一般由空间、地面和用户三部分组成。空间部分包括在轨工作卫星和备份卫星,主要功能是向用户设备提供测距信号和导航电文。地面部分由监测站、主控站和注入站组成,其主要作用是跟踪和维护空间星座,调整卫星轨道,计算并确定用户位置、速度和时间需要的重要参数。用户部分主要是由接收机组成,完成导航,授时和其他有关的功能。不同卫星导航系统在细节、名称上有些不同,但其功用和原理大体一致。

目前全球卫星导航系统主要有四种: 美国 GPS 卫星导航系统、我国北斗卫星导航系统(BeiDou navigation satellite system,BDS)、俄罗斯的格洛纳斯(GLONASS)卫星导航系统和欧盟伽利略卫星导航系统(Galileo satellite navigation system,GALILEO)。而建设完整的卫星导航系统仅有美国的 GPS 和我国的 BDS 导航系统,可以为全球的用户提供精确的导航服务。全球卫星导航系统能够应用于精密工程、测量及变形监测、交通系统、地球动力学、气象学、旅游及农业生产等民用行业。随着技术的不断进步,卫星导航系统将发挥更大的作用。

6.1.1 GPS 卫星导航系统

全球定位系统(global positioning system,GPS),又称为全球卫星定位系统,是一个中距离圆型轨道卫星导航系统。美国从 20 世纪 70 年代开始研制 GPS,于 1994 年全面建成。它可以为地球表面绝大部分地区(98%)提供准确的定位、测速和高精度的时间标准,得到了广泛的应用。

1. 组成

GPS 包括空间中的 24 颗 GPS 工作卫星和 3 颗备用卫星,地面上 1 个主控站、3 个数据注入站和 5 个监测站及作为用户端的 GPS 接收机,其组成结构如图 6-1 所示。

（1）空间部分：24 颗卫星均为近圆形轨道，运行周期约为 11 h 58 min，分布在 6 个轨道面上（每个轨道面 4 颗），轨道倾角为 55°。这些卫星的分布使得在全球任何地方、任何时间都可以观测到 4 颗以上的卫星，并能保持良好的定位解算精度。这就提供了在时间上连续的全球导航能力。

（2）地面监控部分：由分布在世界各地的 5 个地面站组成，按功能可分为监测站、主控站和注入站三种。监测站内设有双频 GPS 接收机、高精度原子钟、气象参数测试仪和计算机等设备，主要任务是完成对 GPS 卫星信号的连续观测，并将搜集的数据和当地气象观测资料经过处理后传送到主控站。主控站除了协调管理地面监控系统外，还负责将监测站的观测资料联合处理，推算卫星的星历、卫星钟差和大气修正参数，并将这些数据编制成导航电文送到注入站；另外，它还可以调整偏离轨道的卫星，使之沿预定轨道运行，调度备用卫星，以替代失效的卫星开展工作。注入站的主要任务是将主控站编制的导航电文、计算出的卫星星历和卫星钟差的改正数等，通过直径为 3.6 m 的天线注入相应的卫星。

用户设备主要由 GPS 接收机、硬件和数据处理软件、微处理机及终端设备组成。GPS接收机由主机、天线和电源组成，其主要任务是捕获、跟踪并锁定卫星信号；对接收的卫星信号进行处理，测量出 GPS 信号从卫星到接收机天线间传播的时间；翻译 GPS 卫星发射的导航电文，实时计算接收机天线的三维位置、速度和时间。

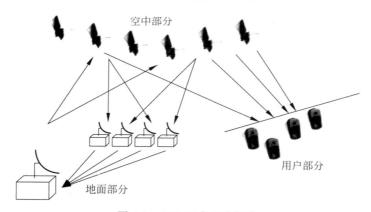

图 6-1　GPS 三个组成部分

2. 定位原理

GPS 导航系统的定位基本原理是 GPS 卫星通过安装在其上的无线电信号发射机由空间向地面发送无线电信号，这些无线电信号中包含了由星历参数提供的坐标信息和 GPS 卫星运行轨道参数等详细信息，地面上的用户只需通过使用 GPS 信号接收机来接收由 GPS卫星发送的无线电信号，然后根据接收到的这些无线电信号的传播时延来确定 GPS 信号接收机和 GPS 卫星的距离（该距离称为伪距）。最后依据三角位置关系计算出当时接收机的位置坐标。当前 GPS 定位技术主要包含三种：伪距单点定位、载波相位测量定位和实时差分定位。

（1）伪距单点定位

GNSS 伪距单点定位是一种被动式定位方法，依据被动式测距原理，测量用户至 GNSS卫星的距离（简称站星距离）时，GNSS 信号接收机只接收来自 GNSS 卫星的导航定位信号，不发射任何信号。因此,存在三种时间系统:各颗 GNSS 卫星的时间标准、各台 GNSS 信号接收机的时间标准、统一上述两种时间标准的 GNSS 时间系统。

当用测距码进行 GNSS 站星距离测量时,根据 GNSS 测距信号在上述三种时间系统的收发时元,可以求得测距码从 GNSS 卫星到 GNSS 信号接收天线的传播时间。GNSS 卫星测得的伪距方程中有 4 个未知量,因此根据需要观测 4 颗 GNSS 卫星,才可列出 4 个观测方程式,进而求得用户所在位置。

所谓"单点定位",是指用户只需使用一台 GNSS 信号接收机,即可测得自己当时的位置,如图 6-2 所示。一般采用 GNSS 卫星所发送的测距码作为测距信号,测得用户至 GNSS 卫星的距离,进而解算出用户的三维坐标。

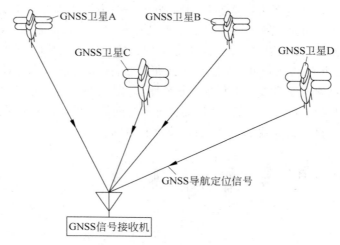

图 6-2　伪距单点定位原理图

（2）载波相位测量定位

载波相位测量技术是一种高精度定位方法,它是通过测定 GPS 接收机所接收的卫星载波信号与接收机振荡器产生的参考载波信号之间的相位差来实现定位的。载波相位观测量理论上是 GPS 信号在接收时刻的瞬时载波相位值,但实际上是无法直接测量出任何信号的瞬时载波相位值的,测量接收到的是具有多普勒频移的载波信号与接收机产生的参考载波信号之间的相位差。GPS 信号被接收机接收后,首先进行伪随机码的延时锁定,即实现对卫星信号的跟踪。一旦跟踪成功,接收机的本地伪随机码就与卫星的伪随机码严格对齐,给出伪距观测量。之后利用锁相环实现相位的锁定,锁相后接收机本地信号相位与 GPS 载波信号相位相同,此时接收机本地信号相位与初始相位的差即为载波相位观测量。

（3）实时差分定位

首先,将其中一台 GPS 接收机作为参考,即为基准站,基准站的位置坐标信息是预先精确知道的。然后根据基准站自身已知的精确位置坐标信息,计算出基准站自身到 GPS 卫星的距离差分校正量,然后以广播或数据通讯链的传输方式将这个差分校正量实时地发送出去。流动站端的 GPS 接收机利用基准站通过特定通信链发送过来的相关差分校正量,对自身的定位结果进行实时校正,从而有效地帮助流动站得到较高精度的位置定位坐标信息。

3. 导航性能

GPS 是目前最成熟的卫星定位系统,可以全天候、高精度、自动化进行工作,成功地应用在大地测量、工程测量、航空摄影测量、运载工具导航和交通管制、地壳运动、资源勘查等多种学科中。根据卫星定位原理可知,测量接收机到卫星之间的距离就可以对接收机进行定位,同时信号传播速度接近于光速,因此测得接收机接收卫星信号的时间就可以得到接收机相对于卫星的距离。但是在导航过程中,从卫星发射导航信号,经过大气层到被接收机接收处理这一过程,将不可避免地引入多种误差。卫星方面将产生星历误差、卫星钟差等;信号传播过程受大气和地面环境影响,将产生电离层的延迟误差、对流层延迟误差、多路径效应等;接收机将产生观测误差、接收机钟差、载波相位观测的整周不确定性影响和天线相位中心误差等。GPS 发展成熟,性能和精确度在不断提升,其工作特性如下:

(1)能够为用户提供全球、全天候连续不断的导航定位。GPS 具备为全球任何地点或近地空间的各类用户提供连续的、全天候的导航定位的能力,且能够满足多用户同时使用的需求。

(2)可以提供实时导航,定位精度高,观测时间短。利用 GPS 具有接近实时定位的能力,可以为高动态用户提供实时定位,同时能为用户提供连续的三维位置、三维速度和精确的时间信息。民用 GPS 导航定位大部分情况下能够达到 10 m 左右精度,军用 GPS 定位精度甚至可以达到 1 m。

(3)测站无需通视。GPS 测量只要求测站上空开阔,不要求测站之间互相通视,因此可节省大量的造标费用(一般造标费用占总经费的 30%～50%)。由于无需点间通视,点位位置根据需要可疏可密,这样就使得选点工作变得非常灵活,也可省去经典测量中的传算点、过渡点的测量工作。

(4)可提供全球统一的三维地心坐标。GPS 测量可同时精确测定测站平面位置和大地高程。目前 GPS 水准可满足四等水准测量的精度,另外,GPS 定位是在全球统一的世界大地坐标系(WGS-84)中计算的,因此全球不同地点的测量成果是相互关联的。

GPS 经过多年的发展和修正,具备进行稳定而精确导航定位的功能,在民用航空中有着广泛的应用前景。利用 GPS 进行民用航空器的定位,具有显著优势:可以减少地面导航台的建设费用;GPS 定位精度高,且不会随着航空器位置的改变而产生定位精度的显著变化;能够适应不同的地理环境,不会产生导航信号遮蔽。因此,国际民航组织(ICAO)近年来倡导使用卫星定位系统对航空器进行定位,目前有越来越多的航空公司将卫星定位系统作为必选的机载设备配置在航空器中。

6.1.2 北斗卫星导航系统

北斗卫星导航系统(以下简称北斗系统)是中国着眼于国家安全和经济社会发展需要,自主建设、独立运行的卫星导航系统,是为全球用户提供定位、导航和授时服务的国家重要空间基础设施。

我国高度重视北斗系统的建设发展,自 20 世纪 80 年代开始探索适合我国国情的卫星导航系统发展道路。1994 年开始研制北斗导航实验系统("北斗一号"),相继于 2000 年及2003 年发射 3 颗轨道卫星,实现了区域性导航功能,完成了北斗导航实验系统的组建。2004—2012 年期间共发射 14 颗卫星,完成了"北斗二号"系统建设,能够为亚太地区用户提供定位、测速、授时和短报文通信服务。2009 年启动"北斗三号"组网建设,并于 2020 年 6 月 23 日完成最后一颗全球组网卫星发射。至此,北斗系统全球组网建成,能够为全球用户提供基本导航、全球短报文通信、国际搜救服务。中国及周边地区用户还可享有区域短报文通信、星基增强、精密单点定位等服务。

1. 组成

北斗系统组成结构与 GPS 系统相同,同样由空间段、地面段和用户段三部分组成。可在全球范围内为各类用户提供导航、定位、授时服务。

(1) 空间段:包括 3 颗静止轨道卫星和 30 颗非静止轨道卫星,30 颗非静止轨道卫星又细分为 27 颗中轨道(MEO)(含 3 颗备份卫星)卫星和 3 颗倾斜地球同步轨道(IGSO)卫星。其中,27 颗中轨道卫星平均分布在倾角 55°的 3 个平面上,轨道高度 21 500 km。空间星座组成如图 6-3 所示。

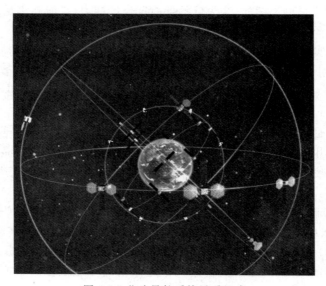

图 6-3　北斗导航系统星系组成

(2) 地面段:包括主控站、时间同步/注入站和监测站等若干地面站,以及星间链路运行管理设施,如图 6-4 所示。主控站用于系统运行管理与控制等。主控站从监测站接收数据并进行处理,生成卫星导航电文和差分完好性信息,而后交由注入站执行信息的发送。注入站用于向卫星发送信号,对卫星进行控制管理,在接收主控站的调度后,将卫星导航电文和差分完好性信息向卫星发送。监测站用于接收卫星的信号,并发送给主控站,可实现对卫星的监测,以确定卫星轨道,并为时间同步提供观测资料。

(3) 用户段:包括北斗及兼容其他卫星导航系统的芯片、模块、天线等基础产品,以及终端设备、应用系统与应用服务等。用户端是专用于北斗系统的信号接收机,也可以是同时兼容其他卫星导航系统的接收机。接收机需要捕获并跟踪卫星的信号,根据数据按一定的方式进行定位计算,最终得到用户的经纬度、高度、速度、时间等信息。

2. 定位原理

北斗系统进行定位时,其定位过程大致可描述为:首先,控制站向空间卫星发射信号,

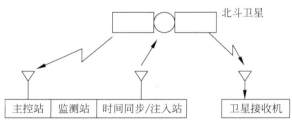

图 6-4 地面段

卫星接收到控制站信号后,通过转发器将信号进行传输,用户接收到卫星转发的信号后要对其作出回应;然后,地面控制中心接收到由卫星转发的回应信号,并对信息进行归纳和分析;最后,卫星将地面控制站分析后的结果传递给用户,得到最终位置信息。目前北斗系统大致有两种定位方式:单点定位和载波相位的双差组合方式。

北斗系统全面建成后,根据北斗卫星的星座分布及运行轨道情况,用户在地球表面的任意地点都可以同步观测到 4 颗以上的卫星。从接收到的各个卫星播发的导航电文中可以精确确定在视野范围内的卫星空间位置,从而计算出用户接收机到卫星的空间距离。一般情况下,利用 3 颗卫星就可以组成 3 个基于星站距离的公式,三组方程式就可以解算出用户接收机的位置,如图 6-5 所示。但是现实的定位过程中,卫星时钟与接收机时钟之间也存在偏差。将该偏差作为未知量引入方程,利用 4 颗卫星组成 4 组方程式进行解算,消除时钟产生的偏差,以得到更精确的定位。上述方法即为北斗系统采用的"单点定位"方式。

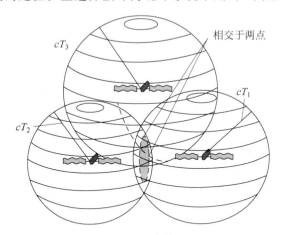

图 6-5 卫星定位原理

北斗系统与 GPS 同样面临载波相位整周模糊度的问题。北斗载波信号波长在 15～28 cm,所以通过确定载波相位观测值的整周模糊度,可以得到较为精准的卫星到用户接收机之间的空间距离,进而实现高精度定位。因此,北斗系统通常采用相对定位的方式对接收机进行导航定位,即载波相位的双差组合方式。在该方法中,将直接观测值相减,所获得的结果当作虚拟观测值,称为载波相位观测值的单差,可在卫星间求单差、在不同历元间求单差以及在接受机间求单差。在载波相位观测量的一次求差基础上继续求差,所获得的结果被当成虚拟观测值,称为双差组合法,包括卫星与不同历元间的双差、卫星和接收机间的双差以及不同历元与接收机间的双差。双差组合方式可以消除接收机钟差和卫星钟差,并大大削弱了卫星星历误差、电离层延迟、对流层延迟等误差对定位结果的影响。因此,为提高定位精度,北斗导航系统采用载波相位双差组合定位方式。

3. 导航性能与应用

北斗系统可提供精度媲美 GPS 的定位、测速、授时和导航服务,能够全天候、全天时地为全球用户提供服务。目前使用的北斗系统为北斗三号卫星导航系统,其定位精度较北斗二号系统提升了一倍。可实现全球定位,全球水平定位精度优于 2.5 m,垂直定位精确优于 5 m;全球测速精度 0.2 m/s,亚太地区精确至 0.1 m/s;全球授时精度 20 ns,亚太地区精确至 10 ns;系统连续性提升至 99.998%。为提高北斗系统定位精度,上海某测绘院在原基于 GPS 的基础上,引用广州南方测绘仪器有限公司的技术资源,建立了基于北斗系统的上海 GNSS 连续运行参考站系统。该系统能够为上海及周边区域范围内的各个单位用户提供高精度的差分定位服务,其水平方向的精度差异小于 3 cm,垂直方向的精度差异小于 5 cm,极大地满足了上海及周边区域用户的定位需求。

北斗导航终端与 GPS、GALILEO 和 GLONASS 相比,优势在于短信服务和导航结合,增加了通信功能;全天候快速定位,通信盲区极少,精度与 GPS 相当,而在增强区域即亚太地区,精度甚至会超过 GPS;在提供无源导航定位和授时等服务时,用户数量没有限制,且与 GPS 兼容。

北斗星基增强服务、地基增强服务及精密单点定位服务是北斗系统的重要组成部分,按照"统一规划、统一标准、共建共享"的原则,整合国内地基增强资源,建立以北斗为主、兼容其他卫星导航系统的高精度卫星导航服务体系。利用北斗/GNSS 高精度接收机,通过地面基准站网,利用卫星、移动通信、数字广播等播发手段,在服务区域内提供 1~2 m、分米级和厘米级实时高精度导航定位服务。北斗系统具有以下特点:

(1) 空间段采用三种轨道卫星组成的混合星座,与其他卫星导航系统相比高轨卫星更多,抗遮挡能力强,尤其低纬度地区性能特点更为明显。

(2) 提供多个频点的导航信号,能够通过多频信号组合使用等方式提高服务精度。

(3) 创新融合了导航与通信能力,具有实时导航、快速定位、精确授时、位置报告和短报文通信服务五大功能。

基于以上优势,我国的北斗系统正在成为 GPS 的替代导航系统,且其在亚太地区有着较 GPS 更优越的定位性能,而其稳定性也不输于 GPS。北斗系统在我国各个行业发挥着重要作用,尤其是在民用航空导航定位中的作用显著,同时北斗系统的定位性能也得到了国际社会的广泛认可。

2011 年 1 月,ICAO 第 192 次理事会以决议形式,同意北斗系统逐步进入 ICAO 标准框架;北斗卫星导航系统为国际民航应用提供 B1I、B1C、B2a 3 种服务信号的策略获得认可;我国累计参加 ICAO 导航系统专家组(NSP)10 余次会议,基本完成了北斗 B1I 信号标准和建议措施(SARPs)草案核心内容修订;同时与工业界标准组织航空无线电技术委员会(RTCA)、欧洲民用航空设备组织(EUROCAE)建立了联系。北斗系统按照国际民航组织标准,服务我国及周边地区用户,支持单频及双频多星座两种增强服务模式,能够满足国际民航组织相关性能要求,为民用航空提供导航服务。

6.2 PBN 导航技术

6.2.1 PBN 概念介绍

随着机载计算机功能的提高、卫星导航系统以及其他先进技术的不断发展,航空器在陆基、星基导航设施的覆盖范围内或在自主导航设备能力限制内或两者配合下按任何希望路径运行成为了可能。早期世界各国各地区竞相提出所需导航性能(required navigation performance,RNP)和区域导航(area navigation,RNAV)的标准,地区性标准争相涌现,导致各地区之间的标准存在很大差异,甚至 RNP 及 RNAV 的内涵都不尽相同,难以形成统一的运行规范,严重阻碍了 RNP 及 RNAV 标准的全球统一,更影响到了民航的跨地区运行。

2007 年 4 月国际民航组织提出了"基于性能导航"(performance based navigation,PBN)的概念。基于性能导航的概念是在各国的区域导航(RNAV)和所需导航性能(RNP)的基础上由国际民航组织整合而来,并重新定义了 RNAV 和 RNP 的概念,要求各缔约国制定实施计划并实施 PBN,并公布了 PBN 的运行手册,以指导各缔约国实施 PBN 运行程序。

PBN 指的是在相应的导航基础设施条件下,航空器在指定的航路、仪表飞行程序或空域飞行时,对系统精确性、完好性、可用性、连续性和特定功能性五方面的性能要求。PBN 中的导航性能是整个飞行器的导航性能,包括飞机、机组、运行管理等。飞机包括了机体和软硬件设备(如导航设备和导航软件)在内的飞机。PBN 本身包含了两个基本的导航规范,即区域导航(RNAV)和所需导航性能(RNP)。

区域导航(RNAV)是一种导航方法,它允许航空器在导航设施覆盖范围内,或在自主导航设备能力限制内,或两者结合下按任意希望路径运行。RNAV 的灵活性较大,可以为各类导航系统提供导航规范,具有广阔前景。

所需导航性能(RNP)是指对规定空域内运行所需导航性能的说明,并建议特定的 RNP 类型应该定义空域内所有用户应具有的导航性能,使之与空域内所能提供的导航能力相匹配。在 RNP 导航声明中,应保持 95% 的精度性能,该性能要求在特定的飞行阶段或者航段符合指定值,且要求具备相应的机载性能监控和告警功能(on-board performance monitoring and alerting,OPMA),以在特定飞行阶段或航段的所需导航性能不能达到要求时提醒飞行员。

由 RNAV 及 RNP 的内涵可知,RNP 就是具有机载性能监视和告警能力的 RNAV。换而言之,是否配备了机载性能监视和告警即为区分 RNAV 与 RNP 的重要标准。另外,RNP 是针对以 GNSS 为导航源的导航规范,而 RNAV 则不强制规定导航源。

6.2.2 导航源及导航方法

目前应用于民航的导航技术主要包括仪表着陆系统(ILS)、甚高频全向信标(VOR)、测距仪(DME)、无方向性信标(NDB)、全球卫星导航系统(GNSS)和惯性导航系统(INS)。其中 NDB、VOR、DME 和 ILS 为陆基导航,GNSS 为星基导航。而陆基导航和星基导航也统称为他备式。惯性导航为自主式导航。陆基导航的优点在于导航信号发射源在地面,系统可靠性高;缺点则是精度较低,覆盖范围有限,独立设备无法进行定位。星基导航的优点为导航信号发射源在外层空间,全球或区域性覆盖,导航定位精度较高;缺点为信号易受射频干扰或电离层变化影响,完好性需要增强。自主式导航的优点在于不需要外界信号源,不受外界环境干扰;缺点是误差将随时间累积不断变大,导航精度不恒定。基于 NDB 导航精度差,无法满足 PBN 的导航性能需求,故无法作为 PBN 导航规范的导航源。而其他导航系统根据其优缺点,通过组合来满足 PBN 的导航规范需求。

1. INS/INS 导航

惯性导航系统(INS)利用惯性敏感元件测量飞机相对惯性空间的运动参数。其中由加速度计测量载体的加速度,并在给定运动初始条件下,由导航计算机计算出载体的速度、距离和位置;由陀螺仪测量载体的角运动,并经转换、处理输出载体的姿态和航向。通过计算机和惯性敏感元件共同协作得到飞机的运动参数,从而对飞机进行定位并引导其完成预定的飞行任务。惯性导航是一种自主式的导航方法,完全依靠机载设备自主完成导航任务,因此不受外界条件的限制。加速度计和陀螺仪组成如图 6-6 所示。

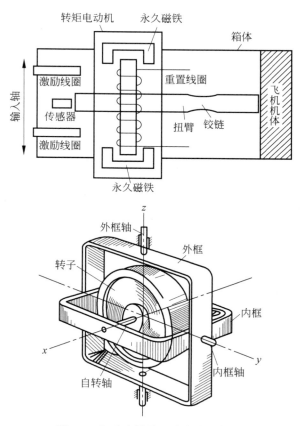

图 6-6　加速度计及三自由度陀螺仪

惯性导航测量元件在测量载体相对空间的运动参数时,由于受到元件自身及环境变化影响,将产生误差。如测量角速度的陀螺仪,能产生漂移、标度因数误差等;测量加速度的加速度计将产生零偏和因数误差;计算机计算过程中的摄入误差等。这些误差都会随着时间累积,且很难消除。航空器利用惯性导航时,其定位误差也将随着时间累积而扩大。因此

INS 通常不能进行长时间的独立导航,其独立导航的时间取决于飞行阶段和惯性导航的元件质量(如海洋巡航阶段采用惯性导航源进行独立导航的时间为几小时,而进近过程中惯性导航源独立导航时间则为几分钟)。为消除惯性导航产生的累积误差,通常将惯性导航与卫星导航或陆基导航设备结合使用。

2. DME/DME/INS 导航和 VOR/DME/INS 导航

我国航路的陆基导航基础设施建设已初具规模,全国国际航路及国内主要航路基本实现了 8 400 m 以上航路 VOR/DME 信号覆盖,为传统空中高通服务航路提供了较好的支持,但中西部地形复杂地区导航信号覆盖还存在部分盲区。目前,已经实施 RNAV2、RNAV5 的 6 条航路附近区域的 VOR、DME 等航行信标已成为支持 PBN 运行的 VOR/DME 或 DME/DME 陆基导航源,图 6-7 所示为陆基导航设备定位原理。

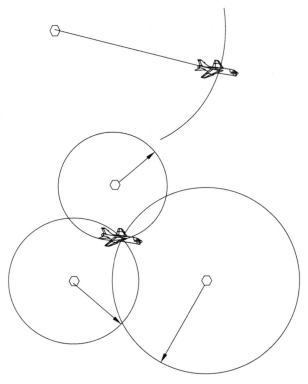

图 6-7　陆基导航定位原理

DME/DME/INS 导航和 VOR/DME/INS 导航都是利用陆基设备,使用至少两台陆基设备对航空器进行定位。由于陆基设备精度低且覆盖范围有限,无法保证航空器能够在飞行过程中持续的接收到导航信号并达到所需的导航性能,因此在陆基导航信号覆盖的空隙区域,需使用 INS(惯性导航)提供满足定位精度的导航信息。

对于 DME/DME/INS 导航而言,要求地面导航台符合国际民航组织附件 10 列出的准则,并且在 95% 的时间内误差不超过 185 m,并将陆基导航台的坐标信息参照 WGS-84 和海平面标高公布在航路图中。对于机载设备而言,要求包含至少一套飞行管理计算器(FMC),且具有 DME/DME 的导航和自动恢复至最新惯性导航(INS)的能力,该 FMC 必须获准在终端管制区内运行。只有通过符合规范要求的陆基导航设备和机载设备(FMC、INS等)的协同运行,才能达到导航性能所需要求,完成 PBN 导航的实施。

3. GNSS/INS 导航

当前,能够覆盖全球的卫星导航系统有我国北斗系统和美国 GPS。全球定位卫星导航系统能够为航空器提供全球、全天候、全天时、精确、连续、稳定的导航定位服务。我国民用航空为适应国际民航组织全球发展战略的需求,根据国际民航组织相关标准,实施规划和建议措施,实验并运行了多种卫星导航新技术,包括卫星导航地基区域完好性监视系统(ground-based regional integrity monitor system,GRIMS)、WGS-84 坐标的过渡和实施、接收机自主完好性监测(receiver automatic integrity monitor,RAIM)可用性预测系统等。

我国幅员辽阔,东西跨度大,地理环境复杂。尤其是我国西南地区,山地高原分布广泛,陆基导航设施的信号遮蔽严重,无法发挥正常的功能,导航性能损失严重。卫星导航系统不受地形限制,能够有效地弥补地形缺陷,实现航空器有效导航。为提高卫星导航系统的导航性能,满足民用航空用户不同飞行阶段、不用导航应用和导航规范的要求,在卫星导航系统独立运行的基础上,ICAO 定义了三种类型的增强系统,以增强卫星导航性能:机载增强系统(on-board augmentation system,ABAS)、星基增强系统(satelite-based augmentation system,SBAS)和陆基增强系统(ground-based augmentation system,GBAS)。

对于机载设备而言,要求包含至少一套机载计算机,且具有 GNSS 导航和自动恢复至最新惯性导航(INS)的能力。在 GNSS 导航间隙,需要有符合规范要求的惯性导航及机载计算机设备进行自主导航。卫星导航难以满足连续性要求,惯性导航又具备良好的连续性,两者结合使用可以让航空器满足导航规范的要求,顺利实施 PBN。

6.2.3 PBN 导航规范

导航规范是在已定义的空域概念下对航空器和飞行机组提出的一系列要求,它定义了实施 PBN 所需的性能及具体功能要求,同时也规定了导航源和设备选择的方式,能够对国家管理当局和运营人提供具体指导。各个国家将导航规范用作合格审定和运行审批的基础,其详尽说明了沿特定航路、程序或在规定空域内运行的区域导航系统的各项要求,这些运行需要根据导航规范获得审批。具体包括:①区域导航系统在精度、完好性、连续性和可用性方面所需具备的性能;②为达到所需性能,区域导航系统需要具备的功能;③整合到区域导航系统中可用于达到所需性能的导航传感器;④为达到区域导航系统上述性能需要具备的飞行机组人员程序和其他程序。

上述导航规范中提到的区域导航的所需性能,即精度、完好性、连续性和可用性,其具体内涵如下:

(1) 精度:航空器所在位置与期望位置之间的偏差,也称为总系统容差(total system error,TSE)。总系统误差主要由三方面的误差组成:航径定义容差(path definition error,PDE),导航系统容差(navigation system error,NSE)和飞行技术容差(flight technical error,FTE)。总系统容差即为上述三种误差的平方和的根。

(2) 完好性:导航性能的可信度。完好性的要求包括三个方面:①95%的时间内,TSE小于 RNP 值;②TSE 大于两倍 RNP 值且未告警的可能性低于 10^{-5};③以 GNSS 为导航源时的导航信号偏差所导致的 TSE 超过 2RNP 的可能性小于 10^{-7}。

（3）可用性：当航空器在某种导航规范的航段内运行时，其导航性能的总系统容差应满足该导航规范的要求，即航空运行系统能够正常工作、正常使用的性能。一般用导航源能够提供可靠导航信息的时间比例表示。

（4）连续性：指当航空器在某种导航规范的航段内运行时，飞行运行的总系统容差应始终满足 PBN 性能要求，即航空运行系统能够连续保持正常工作的性能。

6.2.4 PBN 导航容差区

航空器达到 PBN 所要求的完好性、连续性和可用性后，根据其定位方式的不同，其定位精度及不同导航规范所定义航路点容差也有所区别。对于定位精度而言，总系统容差在不同的导航规范下有所不同。总系统容差是根据导航系统容差、航径定义容差和飞行技术容差计算得到的。

首先分析利用卫星作为导航源的总系统容差。其中，构成总系统容差的导航系统容差（NSE）是一个常量，为 0.08 n mile；航径定义容差（PDE）也是一个常量，为 0.25 n mile；飞行技术容差（FTE）与导航规范有关：RNP 大于等于 0.5 时，$FTE = \frac{1}{2}RNP$，RNP 小于 0.5 时，FTE 为常量 0.25 n mile。

然后分析 VOR/DME 或 DME/DME 作为导航源的总系统容差。构成总系统容差的导航系统容差（NSE）为变量，航径定义容差（PDE）是数值为 0.25 n mile 的常量，飞行技术容差（FTE）为要求的导航精度的 1/2。

由此可见，如果导航规范确定，其定位精度即总系统容差是可以通过计算得到的。

航空器定位时，可以根据航路点定位容差区得到航空器的可能出现的位置，并可以根据该位置对航空器计划运行的路径划设保护区。其中，航路点容差是飞机假定在定位点的位置和可接受的概率，与传统定位点容差一样，按照 2SD（标准差）来确定，即 95% 的置信区间。在 PBN 导航规范中，所有的航路点容差区均用沿航迹容差（along-track tolerance，ATT）和偏航容差（cross-track tolerance，XTT）两部分表示。沿航迹容差指由机载和地面设备容差产生的沿标称航迹的定位容差；偏航容差指由机载和地面设备的容差和飞行技术容差（FTE）产生的垂直于标称航迹的定位容差。航路点容差示意图如图 6-8 所示。

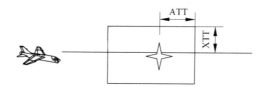

图 6-8　航路点容差

由上述内容可知，导航过程中产生的偏航容差和总系统容差（TSE）均为横向精度。因此可得：XTT＝TSE，即航路点容差由总系统容差决定。通过计算总系统容差就可以确定航路中的偏航容差。

采用 PBN 导航中的 RNP 导航规范时，偏航容差 XTT 与 RNP 值（此处偏航容差单位应为 n mile）相等。可以通过导航规范的 RNP 值得到相应的偏航容差和总系统容差，即：

XTT＝TSE＝RNP 值。在 RNP 导航规范中,沿航迹容差为偏航容差的 0.8 倍,即:ATT＝0.8×XTT。

对于 PBN 中的 RNAV 导航规范而言,其偏航容差与导航源有关。对于地基导航源而言,其定位偏航容差 XTT 取决于 TSE。偏航容差为导航系统容差、飞行技术容差及计算容差(caculation tolerance,ST)的平方和的根,即:$XTT=\sqrt{NSE^2+FTE^2+ST^2}$。计算容差(ST)则是 0.25 n mile 固定值,从而偏航容差可以确定。纵向容差为导航系统容差与计算容差的平方和的根,即:$ATT=\sqrt{NSE^2+ST^2}$。

对于卫星导航源而言,定位容差取决于总系统容差(TSE)或完整性监控告警限制(integrity monitor alert limitation,IMAL)。IMAL 取决于飞行阶段:航路 2 nm,终端区 1 nm,进近 0.3 nm。当 FTE 小于 IMAL 时,偏航容差为完整性监控告警限制值,即:XTT＝IMAL;当 FTE 大于 IMAL 时,偏航容差为总系统容差,即:$XTT=TSE=\sqrt{NSE^2+FTE^2+ST^2}$;纵向容差为 0.8 倍的偏航容差,即:ATT＝0.8×XTT。

不论是 RNAV 还是 RNP 导航规范,其偏航容差都由 NSE 和 FTE 组成,而这两种误差均符合高斯分布,且受到航空器速度、机动性、驾驶员反应时间、暴露时间等影响。为保证航空器的安全性,一般需要设置一个额外的缓冲值,以确保航空器能够保持超出 3 个标准偏差值的偏移。根据以上偏航容差和缓冲值可以通过计算得到飞行过程中的安全区域,即通常而言的保护区。而根据保护区和地形及空域条件设计出各个飞行阶段的飞行程序,能够保证航空器沿预定航线进行安全的飞行。

6.3   其他航行新技术

6.3.1   HUDLS

平视显示器(head-up display,HUD)是一种机载光学显示系统,可以把飞机飞行信息投射到飞行员视野正前方的透视镜上(图 6-9),使飞行员保持平视状态时,在同一视野中兼顾仪表参数和外界目视参照物。HUD 能够增强飞行员的情景意识,提高飞行品质和低能见度条件下的运行能力。平视显示着陆系统(HUDLS)是基于 HUD 的一种引导系统,能在 HUD 上显示额外的引导信息,使机组可以在平视的状态下参照引导,还能按照相应运行类别要求的性能和可靠性完成人工着陆。一般 HUD 指的就是 HUDLS。

1. 优势

HUD 技术最早应用于军用飞机,20 世纪 80 年代开始用于民用航空运输领域,至今更多的航空公司开始选装并使用 HUD。ICAO 近年来将 HUD 作为提升飞行运行品质的措施明确地写在了 ICAO 公约附件 6 中。其价值体现在:

(1)强化机组情景意识。HUD 可以让驾驶员在不间断地观察外界情景的同时,更及时地了解相关的飞行参数和状态信息,对机内机外的情况做到一目了然。

(2)提升运行安全裕度。传统仪表运行情况下,稳定的进近和着陆更多地依赖于飞行员个人的意识和技能。HUD 可以为飞行员提供更多、更及时的信息和指引,减少起飞、进近和着陆期间的飞行技术差错,从而有效降低误判或操作失误风险,提升整体运行品质。

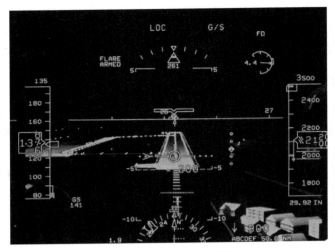

图 6-9 B787 HUD 显示器

（3）使用 HUD 可以获得更低的运行最低标准，提高航班的正常率。为支持传统精密进近程序的运行，机场需要具备相应的地面导航、助航设施以支持运行要求。而加装 HUD 设备后，通过飞机自身性能的提升，可以降低对地面设备的依赖，从而减少相应类别的配置要求。

2. 技术要求特点

（1）机场跑道/滑行道中线灯间距为 30 m，可以实施 RVR200/150 m 的低能见度起飞。

（2）机场跑道灯光电源可以通过多种形式实现备份电源的 1 s 切换。

（3）对支持 HUD 特殊批准的 Ⅱ 类运行的 ILS，航向信标可选择性配置或不配置远场监视器。

（4）部分现有 Ⅰ 类运行 ILS 的场地条件可以满足使用 HUD 实施特殊 Ⅱ 类运行要求。

（5）机场 RVR 设备合格的情况下，无论其类型组合如何，其提供的 RVR 报告运行人均可采信。

（6）使用 HUD 实施特殊 Ⅰ 类、Ⅱ 类运行的跑道入口前 1 000 m 地形不要求完全平整。

3. 应用

HUD 能够提升起飞离场和进近着陆的飞行效率，在保证航空安全的情况下，有效降低飞行标准。

对于进近而言，HUD 可以降低最低着陆标准相关要求。对于 Ⅰ 类精密进近，HUD 的实施可以降低 Ⅰ 类精密进近着陆标准至 RVR450 m、DH45 m，并能够使航空器在降低灯光要求的跑道上以现行的运行最低标准实施着陆。对于 Ⅱ 类精密进近，可以让航空器在标准的 Ⅱ 类跑道上实施降低要求的 Ⅱ 类精密进近，即 RVR 降低至不低于 300 m、DH 不低于 30 m 的精密进近。

对于离场起飞而言，HUD 可以降低起飞最低标准，使航空器在满足相应要求的跑道上实施 RVR 低于 400 m 但不低于 75 m 的低能见度起飞。

由于 HUD 具有显著的导航优势，2012 年 8 月，我国民航局发布了《HUD 应用发展路线图》，大力提倡各机场及航空公司配备 HUD 设备，并制定了相关政策和计划，积极推进

HUD 的应用。目前,HUD 运行在我国发展迅猛,截至 2018 年,《中国民航国内航空资料汇编》(NAIP)公布 HUD 运行机场 82 个,占机场总数的 34%,各地 HUD 运行机场的数量都在稳步提升,中南地区运行 HUD 的机场接近半数。

6.3.2　CDO 及 CCO 运行

连续下降运行(continuous decent operation,CDO)是一种飞行操作技术,需配合适当的空域、飞行程序及 ATC 指令来实现。该运行方法可包括下降和进场剖面,能够从巡航高度开始指引飞机连续下降直至落地(图 6-10)。

连续爬升运行(continuous climb operation,CCO)是指通过设置最佳的速度、推拉力,以连续爬升的方式尽快获得初始巡航高度。

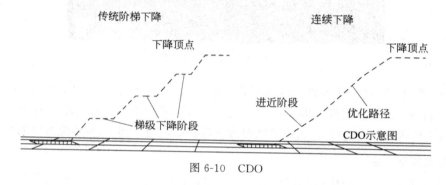

图 6-10　CDO

1. 优势

CDO 及 CCO 能够利用飞行剖面实现飞机最佳操作性能,配合较低的发动机推力设置,以及较低的阻力构型。连续下降的过程中可减少下降过程中的机动操作,从而降低下降过程中的燃油消耗、废气排放并实现噪声优化。

因此连续下降运行和连续爬升运行相较于传统运行有以下主要优势:

(1) 可以更有效地利用空域。

(2) 可以设置更连贯的飞行路径,实现稳定进近。

(3) 减少 ATC 的飞行指令,降低飞行员和管制员的工作负荷。

(4) 降低燃油消耗和噪声及废气排放污染,更加节能环保。

(5) 优化垂直剖面可减少可控撞地的风险。

2. 设计及运行原则

为最大化 CDO 的效益,需要从下降的顶端开始,并持续到最后进近定位点,或者与着陆引导系统建立联系。CDO 的航迹设计主要有两种方式:封闭式航迹和开放式航迹。封闭式航迹设计特点在于包括 1 个固定航迹和到跑道的特定距离,该距离应在开始操作之前已确定。开放式航迹设计特点在于航迹的一部分航段或者全部航段由引导航迹组成,在连续下降运行开始前,无法确定下降点到跑道入口的特定距离值。

由于 CDO 需保持相对固定的下降角度,航空器之间的下降路径在垂直方向上重叠较多,因此 CDO 中排序方法对运行而言十分重要。对于 CDO,ICAO 推荐了两种方法:航迹延伸方法和点连接方法。航迹延伸排序方法是根据已定义的航路点,做引导航迹飞行,并在飞行过程中执行 CDO。该方法程序相对简单。而点连接排序方法是在飞行中增加一个平飞弧段，直到接收到"直飞"指令后，飞向融合点位置。飞行过程中允许航空器在除平飞弧段以外的航迹上执行 CDO。点连接的排序方法排序能力强，适合于流量较大的繁忙机场。航迹延长排序方法和点连接排序方法如图 6-11 所示。

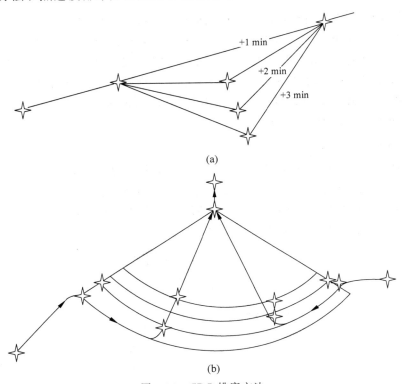

图 6-11　CDO 排序方法
（a）航迹延伸方法；（b）点连接方法

3. 应用

随着民航绿色发展理念的逐步推进，CDO 等民航新技术在我国推广开来。CDO 相对于传统运行具有比较明显的优势：可以有效降低能源浪费和资源消耗、减少污染物的排放；能够提升空管部门运行管理和保障效率，优化航路网的规划布局。国外已有一些国家开始尝试运行 CDO，我国部分省市机场也开始规划并实施了 CDO 程序。CDO 具有较多的综合优势，能够改善下降、进场、进近运行品质。CDO 的应用比较灵活，其起点可以是航路下降顶点，也可以是起始进近定位点，且运行过程中可以随时打断或者恢复 CDO。CDO 实施比较容易，尤其是采用多效路径综合排序方式时，在特定情况下可以不需要对管制人员及驾驶员进行特殊培训，有利于其推广和执行。

6.3.3　ADS-B

广播式自动相关监视（automatic dependent surveillance-broadcast，ADS-B）是国际民航组织确定的未来主要的监视技术。ADS-B 技术将卫星导航、通信技术、机载设备以及地面设备等先进技术相融合,提供了更加安全、高效的空中交通监视手段,能有效提高管制员和飞行员的运动态势感知能力,提升航空公司运行控制能力,扩大监视覆盖范围,提高空中交通安全水平、空域容量与运行效率。

1. 工作原理

ADS-B 是指在一个系统中所有的飞机周期性地广播自己的四维信息、运动方向和速度等数据,该数据可以精确地表示飞机的位置、航向等重要信息,所有用户都可以接收这些数据。依靠空中每架飞机自动广播自身位置报告,并接收邻近飞机的位置报告,使每架飞机了解对方飞机所在位置和运动趋势。驾驶员自主承担着维护空中交通间隔的责任,不在依赖地面雷达监视和管制。ADS-B 可与雷达数据相融合,从而构成一个完整的空中交通服务(air traffic service,ATS)监视系统。

2. 技术要求

如图 6-12 所示,ADS-B 地空数据交换由航空器和地面站完成,地面站接收处理航空器发射的 ADS-B 信号,并将处理后的信号输入到 ADS-B 信息网。ADS-B 信息网传输并处理 ADS-B 数据,可以为相关用户单位提供航空器的动态监视数据,并完成航空公司、机场、航空保障企业、运行监控部门、社会公众及国际间的数据交换。

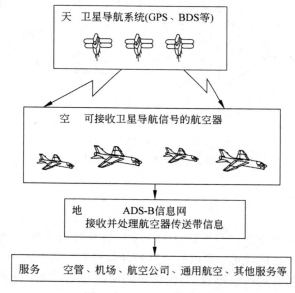

图 6-12　ADS-B 应用框架

ADS-B 应用的主要航空定位数据来源于 GPS,其可靠性受到机载设备和导航卫星系统的影响。ADS-B 要求航空器有自主完好性监测和机载设备监控,同时能够兼容更多的 GNSS 导航星座系统,如北斗导航系统,来提高 ADS-B 系统的可靠性。对于实施 ADS-B 的航空器需配备 1090ES 数据链的机载设备,并符合 AME20-24、RTCA DO-260A 及 AC-91-FS/AA-2010-14 技术需求。

对于实施 ADS-B 的地面设备,要求其采用 1090ES 数据链。对于室内地面站,按通用配置建设两套 ADS-B 地面站接收设备,室外地面站建设一套 ADS-B 地面站接收设备。

ADS-B 的信息网包含数据站、数据处理中心和数据传输网,如图 6-13 所示。

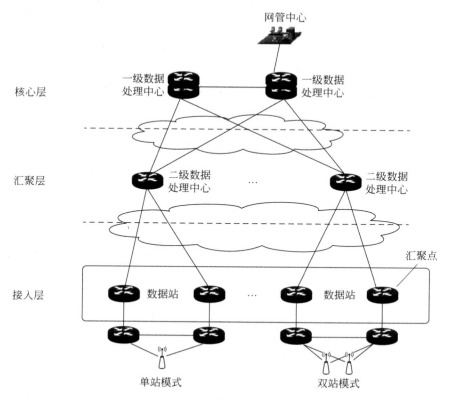

图 6-13　信息网构成

数据站和数据处理中心应能够采用国际互连(IP)协议获取 ADS-B 数据,具备双通道比选功能。其中,数据站要具备输出 ASTERIX CAT021 格式和定制格式的能力,能够同时处理不少于 128 路 ADS-B 数据和 1 024 个 ADS-B 航迹目标的能力,且其应具备不少于 16 个物理输出接口和 32 个逻辑输出接口。二级数据处理中心能够同时处理不少于 512 路 ADS-B 数据和 4 096 个 ADS-B 航迹目标的能力,并具备不少于 32 个物理输出接口和 64 个逻辑输出接口。一级数据处理中心能够同时处理 8 192 个 ADS-B 航迹目标,并具有不少于 64 个物理输出接口和 128 个逻辑输出接口,并能够保障信息安全,为用户提供统一的数据格式。

ADS-B 的数据传输网要求可以覆盖数据站、各级数据处理中心和空管用户。数据传输网拥有统一管理的网络边界接口和统一 IP 地址规划和数据传输配置。ADS-B 的数据传输网按照统一的安全部署建设网络安全体系,实现全网安全、可监控和可管理,建立起集中监测、分权分域、功能全面的网络管理体系及运维体系。

3. 应用

ADS-B 可以为空管、机场、航空公司、航空保障企业、运行监管部门及社会公众提供全方位的服务,能够有效提升飞行安全以及信息透明化程度。

对于空管部门而言,数据站能够为低空管制中心、进近、塔台等部门提供实时监视信息;

二级数据处理中心可以为区域管制中心、大型终端区管制中心提供实时监视信息；一级数据处理中心能够提供全国航空监视信息，提高交通流量管理效率和能力。

一级数据处理中心可以为多个部门提供航班动态监视信息。机场可以应用一级数据处理中心提供的机场区域及进港航班监视信息，提高机场运行控制能力。航空公司可以通过一级数据处理中心提供的全国该航空公司航班的监视信息，提高该航空公司的航班运行状态管理能力，提升航空运行控制能力。航空保障企业通过一级数据处理中心获取局部区域的航班实时动态监视信息，以提高航空保障企业服务的保障能力。民航局、管理局和监管局通过一级数据处理中心提供的信息，提升监管水平。社会公众也可以通过一级数据处理中心提供的航班动态信息掌握所需的航班信息，提升对信息获取的满意度。

本章小结

随着新技术的发展，导航系统的种类和功能得以不断提升。本章介绍了卫星导航系统的定义及能够提供全球导航定位的 GPS 卫星导航系统和北斗卫星导航系统的相关知识，分别阐述了 GPS 卫星导航系统和北斗卫星导航系统的组成部分、工作原理及导航性能，最后着重强调了北斗卫星导航系统广泛的应用现状和蓬勃的发展前景。

通过阐述 PBN 导航规范的由来和发展历程，引出了 PBN 导航规范的两个重要组成部分，即 RNP 和 RNAV 导航规范。介绍了 RNP 和 RNAV 两种导航规范的基本概念，并强调了两种导航规范的区别。根据各个导航源的导航特征和导航规范的要求，介绍了以惯性导航、传统导航及卫星导航作为导航源的组合导航系统。介绍了 PBN 导航规范的内涵，包括导航精度的计算方法。结合导航精度，可以计算出 PBN 导航规范在不同导航源下的定位容差。

最后，介绍了 HUD、CDO/CCO 及 ADS-B 的相关知识，包括：① HUD、CDO/CCO 及 ADS-B 的概念和基本组成；② 各个新技术较现有技术的优势，突出了新技术的发展前景；③ 结合民航新技术的使用条件，阐述了各项新技术对现有航空器和机场的设备及技术的要求；④ 各项新技术在我国的发展现状。

思考题

1. 目前世界上有几种卫星导航系统？能够提供全球卫星导航功能的卫星导航系统有哪些？

2. GPS 卫星导航系统由哪些部分组成？

3. 相比 GPS 卫星导航系统，北斗卫星导航系统有哪些优势？

4. PBN 包括哪两种导航规范？两者之间的重要区别是什么？

5. DME/INS 导航适用于哪种导航规范？

6. 哪种导航系统可以作为 RNP 导航规范的导航源？

7. PBN 导航规范的内容包含哪几个方面？

8. HUD 的发展对航行技术的提升提供哪些优势？

9. CDO/CCO 的应用优势体现在哪些方面？进场过程中如何解决 CDO 的排队问题？

10. ADS-B 能够提供航空器的哪些信息？

课程思政阅读材料

中国航天技术的突破性发展——
科学和应用卫星篇

中国航天技术的突破性发展——
"北斗"导航卫星系统篇

参 考 文 献

[1] 中国民航成都管理局指挥部.领航学讲义[Z].1971.

[2] 蔡成仁.航空无线电[M].北京：科学出版社,1992.

[3] 刘经南,陈俊勇,张燕平,等.广域差分 GPS 原理与方法[M].北京：测绘出版社,1999.

[4] 蔡孟裔,毛赞猷,田德森,等.新编地图学教程[M].北京：高等教育出版社,2000.

[5] 何晓薇,徐亚军,郑国平.航空电子设备[M].成都：西南交通大学出版社,2002.

[6] 张绍海.航空领航学[M].天津：天津科学技术出版社,2002.

[7] 张焕.空中领航学[M].成都：西南交通大学出版社,2003.

[8] 赵廷渝.飞行员航空理论教程[M].成都：西南交通大学出版社,2004.

[9] ICAO. Annex 10 to the Convention on International Civil Aviation[S]. 6th Edition. Aeronautical Telecommunications, Volume Ⅰ, Radio Navigation Aids, 2006.

[10] 黄丁发,熊永良,袁林果.全球定位系统(GPS)：理论与实践[M].成都：西南交通大学出版社,2006.

[11] 中国民用航空局政策法规司.一般运行和飞行规则(CCAR-91R4)[S]. 2022.

[12] JAA ATPL Training—General Navigation[M]. 2nd Edition. JEPPESEN, 2007.

[13] JAA ATPL Training—Radio Navigation[M]. 2nd Edition. JEPPESEN, 2007.

[14] Pilot's Handbook of Aeronautical Knowledge[EB/OL]. www. faa. gov, 2008.

[15] 方学东,由扬.杰普逊航图教程[M].北京：中国民航出版社,2008.

[16] 伊恩·莫伊尔,阿伦·西布里奇.民用航空电子系统[M].北京：航空工业出版社,2009.

[17] 佚名.北斗卫星导航系统[J].黑龙江科技信息,2012.

[18] 田宗彪,章磊.一种改进的综合误差内插算法研究[J].导航定位学报,2013,1(4)：93-97.

[19] 丁兴国,杨林森,顾莹,等.空中领航[M].北京：北京航空航天大学出版社,2013.

[20] 赵文华.海上测控技术名词术语[M].北京：国防工业出版社,2013.

[21] 王丽娜,王兵.卫星通信系统[M].2版.北京：国防工业出版社,2014.

[22] ICAO. Doc 8168, Volume Ⅱ(Seven Edition)Aircraft Operations[S]. 2020.

[23] 茅文深,常传文,夏娜.基于导航卫星的载体姿态测量[M].北京：国防工业出版社,2015.

[24] 蒋维安.基于性能导航(PBN)程序理论与实践[M].成都：西南交通大学出版社,2018.

[25] 中国民用航空局.中国民用航空 ADS-B 实施规划(2015 年第一次修订)[R].2015.

[26] 刘基余.GNSS 伪距单点定位及其实现——GNSS 卫星导航定位方法之一[J].数字通信世界,2016, (SI)：1-6.

[27] 李征航,黄劲松.GPS 测量与数据处理[M].3版.武汉：武汉大学出版社,2016.

[28] 陈军,黄静华.卫星导航定位与抗干扰技术[M].北京：电子工业出版社,2016.

[29] 中国民用航空局飞行标准司.AC-91-FS-2017-03R2 使用平视显示器(HUD)运行的评估与批准程序[S]. 2017.

[30] 朱代武,陈肯,周继华.现代飞行程序设计[M].成都：西南交通大学出版社,2019.

[31] 中国民用航空局空中交通管理局.民用航空情报数据质量报告(2018)[R].2019.

[32] 刘天雄,周鸿伟,聂欣,等.全球卫星导航系统发展方向研究[J].航天器工程,2021,30(2)：96-107.

[33] 中国民用航空局机场司.民用机场飞行区技术标准(MH5001—2021)[S].2021.

专业词汇缩写

英 文 简 称	英 文 全 称	中 文 名
A	altitude	高度
ABAS	on-board augmentation system	机载增强系统
ADF	automatic direction finder	自动定向仪
ADI	attitude indicator	姿态指示仪
ADS-B	automatic dependent surveillance-broadcast	广播式自动相关监视
ATIS	automatic terminal information service	自动终端情报服务
ATS	air traffic service	空中交通服务
ATT	along-track tolerance	沿航迹容差
ASOS	automatic surface observing system	自动地面观测系统
AWOS	automatic weather observing system	气象自动观测系统
BAS	basic airspeed	仪表空速
BDS	Beidou navigation satellite system	北斗导航系统
CA	closing angel	偏离角
CAS	calibrated airspeed	修正空速
CCO	continuous climb operation	连续爬升运行
CDO	continuous decent operation	连续下降运行
CDI	course deviation indicator	航道偏离指示器
CH	compass heading	罗航向
DA	drift angel	偏流角
DA	decision altitude	决断高度
DEV	deviation	罗差
DH	decision height	决断高
DME	distance measuring equipment	测距仪
EAS	equivalent airspeed	当量空速
ELEV	elevation	标高
EUROCAE	Europe civil aviation equipment	欧洲民用航空设备组织
FAF	final approach fix	最后进近定位点
FAP	final approach point	最后进近点
FL	flight level	飞行高度层

续表

英文简称	英文全称	中文名
ft	feet	英尺
FTE	flight technical error	飞行技术容差
fpm	feet per minute	英尺每分钟(ft/min)
GALILEO	Galileo satellite navigation system	伽利略卫星定位系统
GBAS	ground-based augmentation system	地基增强系统
GLONASS	Glonass navigation system	格洛纳斯导航系统
GNSS	global navigation satellite system	全球卫星导航系统
GPS	global positioning system	全球卫星定位
Gr	descend gradient	下降梯度
GRIMS	ground-based regional integrity monitor system	地基区域完好性监视系统
GS	ground speed	地速
GS	glide slope	下滑台
H	height	高
HDG	heading	航向
HSI	horizontal situation indicator	水平状态指示器
HUD	head-up display	平视显示器
HUDLS	head-up display landing system	平视显示着陆系统
IAF	initial approach fix	起始进近定位点
IAS	indicated airspeed	指示空速
ICAO	international civil aviation organization	国际民航组织
IF	intermediate approach fix	中间进近定位点
IFR	instrument flight rule	仪表飞行规则
IGSO	inclined geosynchronous orbit	倾斜地球同步轨道
ILS	instrument landing system	仪表着陆系统
IM	inner maker	内指点标
IMAL	integrity monitor alert limitation	完整性监控告警限制
LMM	locator middle maker	中示位信标台
INS	inertial navigation system	惯性导航系统
LOM	locator outer maker	外示位信标台
km/h	kilometer per hour	公里每小时
kn	knot/nautical mile per hour	节(常写作：kt)
LOC/LLZ	localizer	航向台
MB	marker beacon	指点标
MC	magnetic course	磁航线
MDA	minimum descend altitude	最低下降高度
MDH	minimum descend height	最低下降高
MEO	medium earth orbit	中轨道
MH	magnetic heading	磁航向
MM	middle marker	中指点标
MOC	minimum obstacle clearance	最小超障余度
MSA	minimum safe altitude	最低安全高度
MTK	magnetic track	磁航迹

续表

英 文 简 称	英 文 全 称	中 文 名
NDB	non-directional beacon	无方向性信标
N_M	magnetic north	磁北
N_T	true north	真北
NSE	navigation system error	导航系统容差
NSP	navigation system proficient	导航系统专家
OBS	omni-bearing selection	全方位选择
OM	outer marker	外指点标
OPMA	on-board performance monitoring and alerting	机载性能监控和告警
PAR	precision approach radar	精密进近雷达
PBN	performance based navigation	基于性能导航
PDE	path definition error	航径定义容差
RAIM	receiver automatic integrity monitor	接收机自主完好性监视
RB	relative bearing	电台相对方位角
RBI	relative bearing indicator	无线电罗盘
RD	rate of descend	下降率
RMI	radio magnetic indicator	无线电磁指示器
RNAV	area navigation	区域导航
RNP	required navigation performance	所需导航性能
RVSM	reduced vertical separation minimum	缩小垂直间隔
SBAS	satellite-based augmentation system	星基增强系统
SID	standard instrument department	标准仪表离场程序
SSR	secondary surveillance radar	二次雷达
ST	calculation tolerance	计算容差
STAR	standard terminal arrival	标准仪表进场程序
TAS	true airspeed	真空速
TC	true course	真航线
TE	track error	偏航角(也使用：TKE)
TH	true heading	真航向
TSE	total system error	总系统误差
TTK	true track	真航迹
UTC	coordinated universal time	协调世界时(常称为：世界时)
VAR	variation	磁差
VOR	very-high frequency omni-directional range	甚高频全向信标
WA	wind angel	风角
WD	wind direction	风向
WS	wind speed	风速
WGS-84	world geodetic system	世界大地坐标系
XTT	cross-track tolerance	偏航容差